세미 셀프 인테리어 시대가 왔다

양승환 지음

세미 셀프 인테리어
시대가 왔다

SEMI
SELF
INTE
RIOR

한국경제신문*i*

프롤로그

요즘 인테리어 시장이 다변화되면서 많은 분들이 DIY나 셀프 인테리어에 관심을 가지고 있다. 이러한 현상은 비단 인테리어 시장에서만 일어나고 있는 것은 아니다. 여러 분야에 걸쳐 시장이 빠르게 변화하고 있다. 그것은 SNS 마케팅, 온라인 상품 거래, 모바일 플랫폼 등의 급속한 디지털화를 포함한다. 그 와중에, 시장에 홀연히 나타난 공유경제에 대한 개념은 필자가 어렴풋이 갖고 있었던 사상을 뚜렷하게 해주는 계기가 되었는데, 그것이 바로 이 책을 집필하게 된 가장 큰 요인이다. 책을 집필하기 전에 많은 고민을 했다. '나는 한 회사에 오랫동안 소속되어 근무해본 적이 없고 이러한 전문 분야의 책을 써본 적도 없는데 괜찮을까…', '이렇다 할 커리어도 없는 일반인이 이렇게 책을 써도 되나' 등등. 하지만 필자의 고민은 시중에 이미 출판되어 있는 실내 인테리어에 관련된 책들을 스키밍(skimming)하면서 조금씩 달라졌다. 고민은 서서히 '과연 어떻게 하면 일반인도 쉽게 이해할 수 있게 인테리어 책을 쓸 수 있을까?', '나와 같은 실무 위주로 경험했던 일반인이 오히려 이해하기 쉽게 글을 풀어나갈 수 있지 않을까?'로 바뀌어갔다.

시중에 나온 인테리어 관련 책들을 보면 셀프 인테리어에서의 시공 방법에 대한 콘텐츠들은 상당히 훌륭했다. 디테일이 아주 자세한 책도 있었다. 하지만 일반인이 셀프 인테리어에 관해 큰 틀을 보고 효율적인 방법을 선택할 수 있도록 이끌어주는 책은 그다지 많지 않았다. 그런 면에서 어쩌면 이 책은 '전문 셀프 인테리어'에 관한 책이 아닐 수도 있다. 시공법과 전문용어 등의 상세함이 비교적 부족하기 때문이다.

그러나 필자는 준기술자가 되기 위한 분들을 위한 콘텐츠에 초점을 두기보다는 기존에 우리가 알고 있는 셀프 인테리어의 방향성 변화에 초점을 맞추고 싶었다. 그리하여 셀프 인테리어라는 것이 나의 시간과 노동력을 뺏는, 힘들기만 한 작업이라는 인식에서 탈피하게 하고, 시간의 절약을 기초로 하는 '세미 셀프 인테리어'라는 개념을 도입해 많은 분들이 당연시하고 있는 '셀프 인테리어 = 돈을 절약하는 방법'이라는 공식이 성립되지 않을 수 있음을 인지하게 하려 노력했다.

디자인 파트에 있어서는 심오한 철학을 가진 심미주의 디자인보다는 일반인도 쉽게 스타일링할 수 있는 합리적이면서 기능주의적인 디자인의 소개를 다루었다.

우리나라의 인테리어 시장은 매우 불안정하며 불완전하다. 딜레마에 빠져 있다고 표현하는 것이 어울릴 것이다. 현장 용어는 일제 시대 사용하던 용어와 번역한 미국 용어가 뒤죽박죽되어 공존하며 저마다 시공법이 틀리고 자재도 다르다. 시중에 팔리는 인테리어 관련 책들이 이를 말해주고 있다. 인테리어 표준 시방서라는 것이 존재하지만 그 시방서를 곧이곧대로 따라 하는 업체는 보기 드물다. 오히려 시방대로 시공했을 경우, 늘어나는 인건비로 인해 적자가 나는 공정이 많아지면서 매출 감소로 이어지기 때문이다. 과연 이것이 인테리어 시장에서만의 현상일까? 건축은 괜찮을까?

생각해보면 '홈인스펙션(건물검사)'이라는 시스템이 없는 나라에서 시방서대로 시공을 강요하는 것도 어불성설이다. 어쨌든 이러한 이유로 오랫동안 인테리어 업계에서 시방서와는 조금 다른 시공 방법으로 굳혀진 검증된 시공 방법들이 몇몇 생겨났고, 이는 관련 일을 하는 사람들에게는 상식처럼 굳어져왔다. 심지어 정식 시방서대로 시공할 경우, 하자 발생률이 더 높은 경우도 있다. 한국에서 이러한 인테리어 분야의 시스템 정리가 하루빨리 이루어지길 소망하며 펜을 들어본다.

– 양승환

목 차

CONTENTS

6장. 저는 인테리어의 '인' 자도 모르는데요?

7장. 인테리어의 감초 홈스테이징

에필로그   ·240

PART

1

셀프 인테리어 시장의
현상황 & 느낀 점

1

셀프 인테리어에 관한 TMI

　몇 년 전부터 셀프 인테리어에 관한 서적들이 시중에 많이 출판되고 있다. 그 발단의 중심에는 거대한 온라인 커뮤니티들이 주축을 이루고 있다. 수많은 유명 블로거들이 마치 마술을 부리는 것처럼 인테리어를 뚝딱뚝딱 해내고 그 과정과 후기들을 공유하면, 그것을 본 사람들이 감탄하면서 자신감을 얻고, 본인도 잘 해낼 수 있을 것 같아서 셀프 인테리어를 시작하곤 한다.

　인테리어는 건축과는 조금 다르다. 시방서가 존재하지만, 다양한 방법으로 시공을 한다. 그렇기 때문에 그에 대한 시공 방법이나 재료도 인테리어 업체마다 제각각이다.

　같은 페인트 공사를 해도 어느 분은 프라이머를 바른 후 페인트칠을 하고, 어떤 분은 바르지 않고 하기도 한다.

인테리어 커뮤니티의 예

정해진 것이 없다 보니 본인이 시도해봐서 하자가 없으면 그것이 바로 자신의 인테리어 노하우로 굳혀지기도 한다. 이런 수많은 정보들이 모이면서 셀프 인테리어를 시도하고자 하는 사람으로 하여금 오히려 혼란을 불러일으킨다.

한 가지 공사를 하는 데 여러 가지 방법이 있다면, 현실적으로 모든 방법을 해보기는 불가능하다. 그중 가장 나은 방법을 선택해 공사하는 것이 모든 방법을 해보는 것보다 하자 위험도 적고 비용도 적게 드는 것이 당연하다.

인테리어 공사에 관한 이러한 가장 검증된 방법은 일반인들에게 쉽게 노출되지 않는다. 이는 대박 맛집의 레시피가 대중들에게 노출되지 않는 것과 비슷한 이치다.

요리 레시피는 보면 따라 할 수라도 있지만, 인테리어 공사는 어깨 너머로 보고 동영상을 찍어서 봐도 어떻게 하는 것인지 이해할 수 없는 부분이 많다. 하지만 대박 맛집의 레시피가 절대적인 것이 아니듯 '인테리어 공사의 검증된 방법 역시 절대적으로 전무한 하자를 보장하지는 않는다'라는 사실에 주의를 기울여야 한다. 레시피가 아무리 좋아도 셰프의 손길을 거치지 않으면 요리의 완성도가 떨어지듯, 인테리어 공사도 시공자가 누구인가에 따라 그 결과가 제법 차이가 난다.

셀프 인테리어의 문제점은 바로 이 부분에서 가장 많이 발생하게 된다.

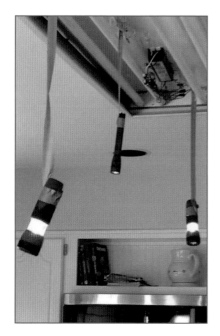

극단적인 셀프 인테리어 실패의 예

"검증된 방법도 찾았고 필요한 재료도 완벽히 준비했다. 그런데 막상 해보니 내가 생각했던 대로 되지 않는다."

이것은 아주 자연스러운 현상이기 때문에 좌절하거나 자책할 필요가 없다.

모든 사람들이 셀프 인테리어를 잘한다면, 수많은 인테리어 업체들이 설 곳이 없어질 것이다. 100명에 1명꼴로 손재주가 뛰어난, 소위 맥가이버 같은 분들이 셀프 인테리어를 완성해 인증샷을 찍어 포스팅한 것을 보고 '나도 그것을 모두 할 수 있을 거야'라고 생각하는 순간, 불행이 시작된다.

손재주가 뛰어난 사람도 있지만, 계산이 뛰어난 사람도 있고 색감이 뛰어난 사람도 있으며, 자재를 싸게 구입할 수 있는 능력이 있는 사람도 있다. 옛말에 '아무리 못난 사람도 잘하는 것 한 가지는 있다'라고 하지 않는가.

그렇다면 필자가 하고 싶은 이야기는 무엇일까?

2

대기업, 그들의 움직임이 이미 시작되었다

몇 년 전까지만 해도 우리나라 인테리어 시장은 대부분 개인 사업자들 위주로 이루어져 있었다. 그러나 점차 대기업에서 인테리어의 수요를 파악하면서 인테리어 관련 부서를 따로 편성하기 시작했다. 아파트가 포화된 수도권에 더 이상의 신축이 힘들어지고 리모델링이 많아질 것이라는 판세를 읽었기 때문이다.

LG하우시스는 인테리어 전문 브랜드인 지인을 앞세워 마케팅을 시작한 지 이미 오래되었고, 가구 전문브랜드인 한샘은 편성 구조는 복잡하지만, 역시 자체 브랜드를 만들어 유통업을 시작했다.

우리나라 굴지의 기업 KCC도 홈씨씨라는 인테리어 전문브랜드를 만들어 인테리어 업계에 뛰어들고 있다.

필자는 인테리어 사업을 직접 운영해보기도 하고 한샘 리하우스나

LG 하우시스   KCC 홈씨씨

KCC 홈씨씨에서 인테리어 플래너로도 일해보며 우리나라의 인테리어 시장이 매우 심하게 양극화될 것이라는 것을 직감했다. 과연 이것이 예감에서 그칠 것인가, 아니면 현실화될 것인가.

대기업의 브랜드는 엄청난 자본을 투자해 필요한 시스템에 맞게 조직을 재편성하고 개인 사업자는 도저히 따라 할 수 없는 마케팅을 시작한다. 문어발식의 전국적인 지점과 대리점 설립은 최근 몇 년간 이미 자리를 잡아가고 있는 모양새다. 대기업에서 직영하기 어려운 시공업체 같은 경우는 아웃소싱을 하는 것이 통상적이다. 대기업 인테리어 브랜드와 협업하는 인테리어 업체의 자격은 점점 까다로워지고 일정 매출 이상이 나오지 않으면 퇴출의 기로에 서게 된다.

그 과정에서 인테리어 시장의 양극화가 심화될 수도 있다고 생각한다. 어느 정도 규모가 있고 기본이 탄탄한 업체는 대기업과 손을 잡고 살아남을 것이며, 그렇지 못한 곳은 얼마 지나지 않아 서서히 사라질 것이다. 그나마 인테리어를 운영하는 사장 본인이 기술을 가지고 있는 분들은 명맥만 유지해나갈 것이다.

90년대 초반만 해도 많이 눈에 띄던 전파사가 지금은 찾아보기가 힘들다. 시장의 트렌드는 변화하며, 그것을 막을 수는 없다. 앞으로의 시장을 읽고 대처하는 것이 최선이다.

그렇다면 셀프 인테리어 시장은 어떻게 될까. 필자는 대기업의 인테리어 사업 진출로 인한 양극화는 오히려 셀프 인테리어 시장에 청신호가 될 수도 있다고 생각한다. 왜냐하면, 품질을 보증하는 인테리어 건자재 유통도 함께 이루어지므로 고객의 선택의 폭이 넓어지기 때문이다.

주5일제의 도입으로 인한 여가 시간의 증가, 욜로 문화의 등장, DIY 산업의 발달 등은 셀프 인테리어 시장에 많은 변화를 가져다주었다. 실제로 셀프 인테리어 시장은 지난 몇 년간 증가 추세에 있으며 DIY 관련 사업 역시 관심이 뜨겁다.

DIY 박람회

기업에서 인테리어 사업에 뛰어들었다는 이야기는 이윤을 추구하는 기업 특성상 소비자로부터 인테리어에 좀 더 많은 비용을 지출하게 하겠다는 말이다. 즉, 품질과 A/S에 대한 보증을 하면서 그 대신 시중의 영세한 인테리어 업체보다 비용을 좀 더 받겠다는 이야기일 수도 있다.

그렇다면 소비자는 기로에 서게 된다. 대기업 브랜드에 일괄로 인테리어를 맡길 것인가, 셀프 인테리어로 공사를 진행할 것인가. 자신이 있다면 도전할 것이고, 그렇지 않다면 일임할 것이다. 선택의 문제이며, 무엇이 더 좋다고 하긴 어렵다.

만약 셀프로 인테리어 공사를 진행하려면 무엇을 알아야 하고 어떠한 부분에서 비용을 절감할 수 있을까?

3

처절했던
첫 집수리 프랜차이즈의 기억

필자는 4년제 건축공학과를 졸업하고 건축기사 자격증도 있었지만, 건설회사에 취업하지 않았다. 아니, 못했다 하는 것이 맞을 것이다. 2008년도 당시 80군데 정도 서류를 넣고 최종 면접에서 몇 번 떨어지자 이런 생각이 들었다. '내가 하고 싶은 것이 사업이라면 어차피 회사에 다니다가 독립할 텐데, 처음부터 사업을 시작해보는 것은 어떨까?' 그렇게 생각하며 건설회사 취업의 마음을 접어두고 1년간 한국감정원이나 세무서에서 인턴 생활을 해보며 조금씩 돈을 모았다. 그 당시의 공기업 인턴은 정규직을 뽑기 위한 발판이 아니라, 국가에서 청년 실업률수치를 줄이기 위해서 만든 형식적인 일자리였기 때문에 몇 달 다닌 후 퇴사했다. 그리고 인테리어 일을 배우기 위해 그 당시에는 많이 없었던 인테리어 실무 교육을 하는 곳에 300만 원이라는 거금을 주고 배우기도 하고, 건너 건너 아는 인테리어 자영업을 하시는 사장 형님들을 따라다니며 무급으로 허드렛일을 하면서 일을 배웠다. 대부분 쓰레기 치우기와 폐기물처리가 대부분이라 고생스러울 때가 있었지만, 나중에 나의 사업을 위해 일을 배운다는 것이 즐거웠다. 일을 배우면서 번 돈보다 쓴 돈이 많아지기 시작하고 어느 정도 일머리를 알아가게 될 때쯤, 작은 사무실을 차렸다. 간판도 없이 3평 남짓한 가게에 사무실을 차렸지만, 한 달 넘게 아무도 찾는 이가 없었다. 작은 분식점 공사를 한 개 했을 뿐이었다.

머릿속에 이론은 가득 찼는데 실무에 적용할 방법이 없었다. 이대로는 안 되겠다고 생각이 들어 지푸라기라도 잡는 심정으로 어렵게 모아둔 200만 원과 아내에게 빌린 300만 원을 빌려들고 집수리 프랜차이즈 업체에 찾아가 설명회를 듣고 계약을 했다. 그리고 3주간의 실습 교육을 했다. 그 당시 인테리어업계에 프랜차이즈는 참신한 발상이었기에 비전이 있다고 생각하고 결단한 것이다. 하지만 나중에 한 가지 간과한 것이 있었다는 것을 깨닫게 되었는데, 그것은 바로, 인테리어 기술은 3주간의 실습 기간으로 결코 숙련될 수 없다는 사실이었다. 그러나 어쩌겠는가, '안 하는 것보다는 낫겠지'라고 생각하며 무작정 간판을 걸고 그렇게 2년 남짓 집수리 프랜차이즈를 하면서 변기 뚫는 일부터 세탁조 청소, 수도꼭지 교체 등의 자잘한 일부터 토탈 인테리어까지 해보았다. 이 기간 동안에 인테리어 시공에 대한 많은 경험을 쌓을 수 있었다.

시행착오도 많았다. 한 번은 싱크대 쪽 정수기 선을 철거한 후, 그대로 두었다가 다음 날 새벽에 아랫집이 물바다가 된 적이 있었다. 모두 배상해드리고 공사해드리긴 했지만, 이때 이후로 물과 관련된 설비는 2~3번 점검하게 되었다. 똥물을 뒤집어쓴 기억부터 물벼락을 맞은 일까지 그때 겪었던 에피소드를 나열하면 참 많다.

그렇게 2년간 집수리 일을 하면서 느낀 점이 몇 가지가 있는데 이는 인생의 큰 전환점이 되었다.

첫째, 인테리어는 혼자서 아무리 열심히 한다고 성공할 수 있는 분야가 아니다.

전문기술자로 나아갈 것이 아니라면 각 분야의 기술자분들과 협업해야 한다. 그렇지 않으면 제아무리 손재주가 좋아도 한계에 부딪힐 수밖에 없다. 기술자분들이 수십 년간 터득한 기술을 몇 주 실습해서 배운다는 것 자체가 사실 불가능한 일일지도 모른다. 필자도 손재주는 있는 편이라 생각하며 각 공정들을 호기롭게 공사해본 후, 많이 겸손(?)해졌다. 그 와중에 내가 가장 잘할 수 있는 것은 견적과 설계라는 것을 깨닫고, 그 부분을 주력했다.

둘째, 인테리어 공사를 하려면 나무보다는 숲을 봐야 한다.

어느 날은 고쳐지지 않는 변기를 붙잡고 반나절을 보내다가 새로 들어온 공사 의뢰를 놓치기도 하면서 이런 생각을 했다.

'내가 지금 뭘 하고 있는 거지? 인테리어를 하고 있는 것이 맞나?'

일에 귀천은 없지만, 경중은 있다. 설비 기술자분에게 변기 고치는 일을 맡기고 새로 들어온 공사 의뢰를 수주했더라면 그 결과는 더 좋았을 수 있다. 다시 말해, 전문기술자가 될 것이 아니라면 각 분야의 전문 기술을 익히기보다는 공정이 어떠한 식으로 진행되며, 각 공정에서 주의해야 할 포인트는 무엇인지를 파악하는 것이 중요하다. 그것이 오히려 인테리어를 하는 데 더욱 도움이 되는 길이었다. 머리가 나쁘다 보니 이것을 깨닫는 데 2년 이상 걸렸다.

셋째, 셀프 인테리어를 하려면 하자를 많이 감수해야 한다는 것이다.

기술자가 아니다 보니 기술이 필요한 공정에서 조금씩 하자가 발생하기 시작하고, 때로는 중대 하자가 발생하기도 한다. 하자에 대한 처리 비용은 모두 업체의 몫이기 때문에 결국 자신이 책임을 져야 한다. 결국 돈을 아끼려고 셀프 인테리어를 시작했지만, 나중에는 돈이 더 들어가게 되어 턴키(Turn-key)로 맡기느니만 못한 경우가 생기기도 한다.

바로 이 세 번째가 셀프 인테리어의 가장 큰 문제점이자 딜레마라고 할 수 있다.

다행히 이러한 시행착오는 인테리어 사업을 하는 데 좋은 밑거름이 되었고 결국 필자의 멘토였던 선배와 함께 법인 인테리어업체를 운영하는 데 성공하게 되었다.

그렇다면 필자가 깨달은 셀프 인테리어의 딜레마는 어떻게 해결할 수 있을까?

4

ACE HARDWARE가
우리나라에?!

몇 년 전 우리나라 대기업인 KCC에서 홈씨씨라는 브랜드로 종합 인테리어 건자재 매장을 오픈했었다. 인천과 울산 두 군데에 위치하고 있는데, 그 규모는 우리가 지금까지 봐왔던 대형 건자재상과는 그 차원을 달리해 업계에 신선한 충격을 안겨주었다. 한곳에서 원스톱으로 필요한 자재를 모두 구매할 수 있기 때문에 많은 소비자가 홈씨씨 건자재백화점에서 자재를 구입하는 것으로 알고 있다.

그런데 얼마 지나지 않아 Ace 홈센터라는 매장이 금천구에 1호점을 오픈했다. 그리고 빠른 속도로 서울 곳곳에 지점을 설립하고 있다. Ace 홈센터는 미국에 있는 세계 최대 홈임프루브먼트(Home Improment) 기업인 Ace Hardware와 제휴를 맺고 우리나라에 오픈을 시작한 매장이다. 전 세계 60여 개국, 5100여 개 매장이 있는 이 기업은 집수리에 필요한 모든 상품을 구입할 수 있는 원스톱 쇼핑센터다. 외국 여행을 자주 다니시는 분들이라면 쇼핑센터에서 빨간 간판에 Ace Hardware라고 쓰여 있는 매장을 보셨을 것이다.

실제로 가서 살펴보면 인테리어뿐만 아니라 거짓말 조금 보태어, 그곳에 있는 물건들로 집도 지을 수 있을 정도다.

Ace Hardware 매장

미국은 왜 이런 인테리어 자재상이 많이 발달했을까?

북미는 땅덩어리가 넓은 만큼 다운타운 외곽은 주택의 크기가 큼직 큼직하며 대부분 마당과 차고(garage)를 가지고 있다. 이 차고에 주택 수리에 필요한 공구를 대부분 갖추고 있으며, 취미로 목공이나 페인팅을 하기도 한다. 이러한 이유는 일과 후 비교적 많은 여가 시간에 기인하기도 하며, 북미 기술공들의 매우 높은 인건비에 기인하기도 한다. 설비 쪽 기술자는 기본 출장비가 몇십만 원이다. 자연스럽게 홈임프루브먼트 사업이 발달할 수밖에 없었다.

우리나라의 라이프 스타일은 점차 북미를 따라가고 있다. 여가 시간 확보로 인한 취미 생활의 증가, 점점 높아지는 자재 단가와 인건비로 인한 부담감 등 많은 것이 닮아 있다. 기업들은 사람들의 수요에 발맞춰 Ace홈센터 같은 매머드급 종합 인테리어 자재센터를 만들어가고 있다. 서서히 셀프 인테리어를 하기 좋은, 아니 할 수밖에 없는 시장이 형성되어가고 있는 것이다.

그렇다면 우리는 밀려드는 셀프 인테리어 시장에서 어떠한 포지션을 취해야 할까?

1

기능주의에서 심미주의로

90년대만 하더라도 집수리의 개념은 집이 본래의 '기능'을 상실할 때 하는 행위로 여겨져왔다. 즉, 집에서 생활하는 것이 거의 불가능할 때 행해지는 수선의 의미였다.

예를 들어, 주로 지붕에서 물이 줄줄 샌다거나 화장실 변기가 박살이 나서 대소변을 못 본다거나 수도가 터져서 물을 못 쓴다거나 하는 경우에, 집수리라는 행위를 했다. 그 집수리의 핵심개념은 아직까지도 적용되고 있지만, 옛날에 비해 그 '기능' 회복의 목적이라는 부분이 많이 축소되었다.

예전에는 재료, 색상, 모양에 큰 신경을 쓰지 않고 그 기능에만 충실했던 집수리였다면, 요즘은 여러 요소를 다양하게 고려하는 집수리의 개념이 정립되고 있다. 소위 기능주의에서 심미주의로 그 성격이 변화되고 있다는 이야기다.

이점은 부동산 관련 투자자들도 눈여겨봐야 할 이야기다.

이는 여러 가지 요인에 기인하지만, 다음과 같은 것이 대표적일 것이다.

첫째, 자재의 다양화
둘째, 외래 문화의 도입과 융합
셋째, 먹고살기 '바쁜' 삶에서 먹고살기 '좋은' 삶의 추구

주거 생활에서 이러한 변화가 있지만, 아직 기성세대 중에는 인테리어에 왜 돈을 투자해야 하는지 이해 못 하시는 분들이 상당수다. 그러나 한 번쯤 인테리어를 깔끔하게 하고 살아보신 분들은 그 중요성에 대해 깨닫는다. 쓰기만 좋은 것을 넘어서 보기도 좋다는 것은 심리적으로 꽤 안정감을 느끼게 한다.

특히 임대인 입장에서 부동산을 임대할 때, 인테리어의 중요성은 한 번 겪어보신 분들은 그 차이를 실감한다. 깔끔하게 인테리어된 집은 금세 임대가 되고 낡은 집은 구조가 아무리 좋아도 이상하게 임대가 잘 안된다. 이러한 현상은 최근 들어 더욱 급증하고 있으며, 이는 여러 임대인으로 하여금 부동산 투자를 위한 셀프 인테리어에 대한 관심을 불러일으키고 있다.

2

인테리어의 효과를 느껴본 사례

　필자는 부동산 임대의 부분에서 인테리어의 위력을 직접 겪어보았다.

　한 번은 고양시에 있는 투룸 소형 아파트를 매수해 내가 살 집이라고 생각하고 정성 들여 수리하기로 했다. 좀 극단적으로 눈에 보이는 것을 모두 뜯어고치기 시작했는데, 그 아파트 동에서 유일하게 외부 창호까지 몽땅 교체한 호수가 되었다.

　보통은 이렇게까지 수리하지 않지만 하다 보니 점점 욕심이 생겨서 해보게 되었다. 만약 일반인이 인테리어업체에 의뢰해 수리를 맡겼을 경우, 2,000만 원 이상의 견적이 나왔을 것으로 예상되지만, 필자가 할 수 있는 모든 일을 셀프로 해보니 비용이 많이 절약되었다.

　그런데 이 정도로 올수리를 하니 기이한 현상이 벌어졌다.

수리내역

방문턱 철거/거실 미닫이틀 철거/화장실 욕조 & 바닥 철거 후 전체 수리/주방 벽타일 교체/현관 타일 교체/베란다 타일 교체/창호 전체 교체(내창&외창)/ 문짝&문틀 필름 리폼 /싱크대 교체/신발장 교체/ LG 장판 2.2T 교체/스윙도어 중문 설치/LED 조명 교체/콘센트&스위치&인터폰 교체/실크 도배/베란다 창고 설치/

총 소요 비용 : 1,500만 원

아파트 매수 가격은 21,000만 원, 전세 시세는 18,000만 원이 채 되지 않았으나 어느 신혼부부가 20,000만 원에 전세 계약을 체결한 것이다.

필자가 들인 실투자금은 1,000만 원과 인테리어 비용 1,500만 원을 합한 2,500만 원뿐이었다. 누군가는 이 정도로 무슨 호들갑이냐고 할 수 있지만, 정확히 1년 뒤에 기이한 현상이 다시 벌어졌다. 한 해 뒤, 급

공사 후 모습

한 사정이 생겨 아파트를 매도해야 하는 상황이 되어 집을 내놓았다.

　　1년 뒤의 매매 시세는 거의 변동 없이 21,000만 원이었다. 그런데 매수자가 나타나 23,700만 원에 계약을 체결한 것이다. 부동산 중개사 무소 사장님 말로는 아파트 단지 내 같은 타입 세대 중 가장 높은 가격에 거래가 된 건이라고 말씀하셨다. 몇 달 전, 방 한 개가 더 있는 타입이 24,000만 원으로 거래된 적이 있었으므로 투룸 중에서는 매우 높은 가격대였다. 물론 로열층에 전망도 좋아서 그랬을 수도 있었겠지만, 필자의 사견으로는 '시세보다 높은 전세를 끼고 있는 완벽히 수리된 집'을 매수자가 좋게 본 것이 아니었나 하는 예상을 해본다.

항상 이런 일이 발생하는 것은 아니겠지만, 인테리어가 부동산임대에 어떠한 영향을 미쳤던 것인가?

1

만능 맥가이버도 울고 가는 셀프 인테리어 공사

셀프 인테리어가 가지고 있는 딜레마는 '하자의 발생'뿐만 아니라 한 가지가 더 있다.

그것은 바로 '시간'이라는 기회비용의 발생이다. 시간이 많은 프리랜서분들은 이 말이 와닿지 않을 수도 있지만, 직장을 다니시는 분들이 셀프 인테리어를 하기는 정말 쉬운 일이 아니다. 한 번씩 도전해보신 분은 아실 것이다. 타일 셀프 공사가 얼마나 힘이 드는 일인지 말이다. 그 고됨의 정도는 공사를 끝내놓고 느끼는 보람을 압도해버리기도 한다. 주말을 반납하고 죽어라 셀프 공사를 하다 보면 '나는 누구인가 여긴 어디인가' 하는 자괴감에 빠지게 되기도 하고, 마음이 앞서서 공구는 몽땅 다 사다 놓았는데 그렇다고 안 쓸 수도 없고 자꾸 내 자신이 미워지기도 한다.

그러나 걱정할 필요 없다. 자연스러운 현상이며 셀프 인테리어 입문자들의 대부분이 느끼는 고뇌다. 공구를 버릴 필요도 없고 내 자신을 미워할 필요도 없다.

한 가지 가정을 세워보자.

선천적으로 천재적인 손재주를 갖고 태어난 맥가이버 씨가 있다. 그는 위기탈출 능력뿐만 아니라 인테리어에도 재능이 있어서 모든 공정을 완벽히 해결해낼 수 있는 천재 기술자다. 한편, 철수는 할 줄 아는 거라고는 페인트 공사와 조명 공사밖에 없지만, 인테리어에 관한 공정을 제법 꿰뚫고 있는 인테리어 애호가이며, 가족같이 지내는 기술자들과 친분을 유지하고 있다. 같은 조건의 공사를 기준으로 누가 더 비용을 절약할 수 있는지 시합하기로 했다.

맥 가 이 버	공사일수	1일	2일	3일	4일	5일	6일	7일
	공정	철거	타일	목공	페인트	도배	조명	마감
	시공자	맥가이버	맥가이버	맥가이버	맥가이버	맥가이버	맥가이버	맥가이버
	절감 비용	20만 원	20만 원	20만 원	20만 원	20만 원	20만 원	20만 원

맥가이버는 일정대로 모든 공사를 척척 소화해내어 7일 동안 140만 원을 세이브했다. 대신 공사가 끝난 후, 몸살이 나서 10만 원짜리 비타민 수액주사를 맞았다. 그러나 그는 '그나마 천재 기술자인 본인이 해서 이 정도지 만약 비기술자가 시공했다면 하자 처리하느라 돈이 더 들 수도 있었다'라며 스스로 위안했다.

철 수	공사일수	1일	2일	3일	4일	5일	6일	7일
	공정	철거	타일	목공	페인트	도배	조명	마감
	시공자	기술자	기술자	기술자	철수	기술자	철수	철수
	절감 비용	0원	0원	0원	20만 원	0원	20만 원	20만 원

철수는 페인트, 조명, 마감까지는 본인이 할 수 있다고 자신했으나, 아무리 생각해도 나머지 공정은 기술자에게 맡겨야 할 것 같았다. 첫째 날은 아침에 철거할 곳을 철거 기술자분에게 자세히 지시해놓고 회사미팅에 참석했다. 두 번째 날은 미리 주문해놓았던 타일이 맞는지 확인한 다음 타일 기술자분에게 작업 지시를 해놓고 법원에 경매 입찰을 다녀왔다. 그런데 법원을 나올 때쯤 타일 기술자 분에게 전화가 왔다.

"이봐. 타일 커팅기가 갑자기 고장 났는데 어쩌나…"

철수는 타일 셀프 인테리어를 하기 위해 사놓았던 타일 커팅기를 오후에 가져다주었다. 타일 셀프 인테리어는 포기했지만, 공구를 버리지 않길 잘한 것 같았다. 셋째 날은 미리 주문해놓은 목자재를 확인하고 목수분께 작업 지시를 해놓고 다른 인테리어 일을 맡긴 클라이언트를 만나러 커피숍에 다녀왔다. 넷째 날은 페인트를 직접 셀프로 완료했다. 다섯째 날은 도배기술자를 불러 작업 지시를 해놓고 임대용으로 투자한 원룸에 문손잡이 교체와 페인팅을 하고 왔다. 여섯째 날은 직접 셀프로 조명을 달았고 일곱째 날도 직접 셀프로 마감 공사를 했다. 또한, 철수는 공사하는 과정에서 자재를 싸게 구입할 수 있는 거래처를 확보하고 있어 맥가이버 씨보다 10% 더 자재를 싸게 구입할 수 있었다.

철수는 위 공사에서 60만 원을 절약한 것일까? 아니면 그보다 조금 더 많은 금액을 절약한 것일까? 철수가 얼마의 비용을 절약했는지는 알 수는 없지만 '같은 시간 동안 맥가이버 씨보다 가치 있는 일을 하지 않았다'라고는 할 수 없다. 그렇다면 철수가 한 것은 셀프 인테리어가 아닐까? 명칭하기 애매하다면 앞으로 이를 편의상 '세미 셀프 인테리어'라고 명명해보자.

뭔가 느낌이 왔다면, 여러분도 세미 셀프 인테리어에 도전할 준비가 된 것이다.

2

셀프 인테리어의
의의에 대한 결론

세미 셀프 인테리어는 쉽게 말해 '우리 자신이 어느 정도 인테리어업자의 지위를 갖는 직영 공사와 셀프 인테리어 공사의 혼합'이라고 할 수 있다.

한 공정에 준기술자가 되기 위해서는 어느 정도의 실무 기간이 필요할까?

개인차가 조금씩 있지만, 보통 3~4년이면 어느 공정에 있어서 준기술자급 대우를 받기 시작한다고 한다. 목공 공사나 타일 공사 같은 경우는 조금 더 걸릴 수도 있다.

그렇다면 모든 공정에 준기술자가 되기 위해서는 몇 년이 걸리는 것일까. 대충 잡아도 10년은 넘을 것이다. 그럼 셀프 인테리어를 하기 위해 10년이라는 시간을 투자해야 하는 걸까. 절대 아니다. 그럴 필요가 없다. 필자가 1장, 2장 각 파트의 마지막에 의문을 남겼던 것들에 대해 대답하려 한다.

Q) 세미 셀프 인테리어로 공사를 진행하려면 무엇을 알아야 하고 어떠한 부분에서 비용을 절감할 수 있을까?

A) 셀프 인테리어를 잘하고 비용을 절감할 수 있는 방법은 정보의 바닷속에서 모든 것을 스스로 하려고 하는 체력과 정신력의 함양이 아니다. 중요한 것은, 내가 할 수 있는 부분을 캐치할 수 있는 능력의 함양이다. 셀프 인테리어의 기술에 너무 집착하지 말고 기술자에게 작업을 지시하는 데 문제가 없을 정도로 공정의 순서와 그 특징을 파악하라. 그것이야말로 셀프 인테리어로 돈을 절약하는 길이다.

Q) 그렇다면 필자가 깨달은 셀프 인테리어의 딜레마는 어떻게 해결할 수 있을까?

A) 셀프 인테리어의 딜레마인 '하자 발생'은 본인이 아무리 생각해도 도저히 자신 없는 분야를 기술자에게 맡김으로써 해결할 수 있다. 그 기술자와 거래를 자주 하고 관계를 돈독히 한다면 만에

하나 하자가 발생하더라도 A/S를 수월히 할 수 있다. 기술자와 관계를 돈독히 하기 위한 방법은 따로 언급하기로 한다. 두 번째 딜레마인 '시간이라는 기회비용의 발생' 역시 각 공정의 기술자 확보로 간단히 해결될 수 있다. 이는 기술자와 콜라보레이션이라고 볼 수 있으며 그 시너지 효과를 톡톡히 볼 수도 있다.

Q) 우리는 밀려드는 셀프 인테리어 시장에서 어떠한 포지션을 취해야 할까?

A) 어차피 시장을 거스를 수는 없다. 멍석을 깔아주었으니 내가 잘 추는 춤을 추면 된다. 만약 우리가 세미 셀프 인테리어의 공정에 대해 파악하고 직접 진행할 수 있다면 원스톱 자재 구입처는 많은 도움이 되는 베스트 거래처가 될 것이다.

1

기술자를 대하는 우리의 자세

우리나라는 고려 후기 때, 중국 유교의 영향으로 사농공상이라는 직업의 귀천을 정해놓았는데, 갑오개혁 때 그 의미가 사라졌다. 그러나 아직까지 뿌리 깊이 박혀 있던 유교의 근본은 오늘날까지도 우리나라 사회 전반에 영향을 미치고 있다. 필자가 직접 겪어본 사례를 몇 가지 살펴보자.

분당에서 인테리어 일을 맡아서 하고 있을 시기에 하루는 금속거래처 사장님이 아파트 앞에서 용접하고 있었다. 성격이 참 좋고 성실하신 분이셔서 개인적으로 좋아하는 분이었다. 그런데 어떤 꼬마와 엄마가 대화하며 그 옆을 지나가자 갑자기 금속 거래처 사장님이 껄껄껄 웃으시는 것이었다. 나는 궁금해서 물었다.

"유 사장님, 무슨 재미난 일이라도 있으십니까?"

"하하하… 그게 아니라 아까 저 어머님이 꼬마한테 한 소리가 너무 웃겨서요. 껄껄껄…."

"뭐라고 했는데요?"

"허허허. 꼬마한테 '공부 못 하면 저 아저씨처럼 되는 거야'라고 하더라고요. 껄껄껄…."

"하하하… 재밌네요."

필자도 분위기에 맞춰 웃기는 했지만, 한편으로 씁쓸한 마음을 지울 수 없었다. 인테리어에 있어서 금속 작업은 꽤 고급 기술 공사에 속하는 작업인데도 불구하고 아이 어머님의 눈에는 뭔가 안 좋아 보였나 보다.

또 한 번은 아파트 공사를 시작하기 위해 필자가 작업복 차림으로 트럭을 몰고 아파트 앞에서 목수분들과 목자재를 옮기고 있을 때였다. 갑자기 경비원 한 분께서 오시더니 노발대발하시면서 여기다 트럭을 대면 안 된다며, 먼지 나면 민원이 들어온다는 둥 자꾸 우리를 좀 심하게 다그친다는 느낌을 받았다. 그래서 정중히 말씀을 드렸다.

"어르신. 좋게 말씀하시면 될 것을 왜 이리 소리를 지르십니까?"

"막노동하는 사람들은 소리를 질러야 말을 듣지!?"

"말씀이 너무 심하시네요. 최대한 빨리 끝내고 빼겠습니다."

"쳇! 5분 안에 안 빼면 조치를 취할 걸세!"

결국, 목자재를 다 옮기고 트럭을 다른 곳으로 옮겼다.

이튿날, 필자는 세미 정장을 입은 채 수입 세단을 타고 같은 자리에 차를 대고 트렁크에서 물건을 내리고 있었다.

어제 뵈었던 그 경비원분께서 다가오시더니 어제와는 사뭇 다른 부드러운 목소리로 이야기를 하셨다.

"아이고, 안녕하세요? 새로 이사 오셨나요?"

필자를 못 알아보신 것이다.

"아닌데요, 무슨 문제라도 있습니까?"

"아이고, 문제는요. 이곳은 사람이 많이 다니는 곳이라 잠시 후에 차를 빼주시면 감사하겠습니다."

"네. 알겠습니다."

같은 사람이라고 믿어지지 않을 정도의 변화였다. 이 정도로 우리나라의 직업에 대한 귀천은 아직 뿌리 깊이 박혀 있다. 기술직이라고 천박한 사람은 아닐진대, 직업만을 가지고 사람을 판단하는 것은 큰 오류를 범하는 것이다.

캐나다 같은 경우는 기술직마다 노동조합이 있어 법적으로 그 지위를 보호받을 수 있게 되어 있다. 또한, 레드씰이라는 전문 실무 경력 자격증을 취득하면 그 몸값은 의사나 변호사를 비롯한 고소득 전문직을 능가하기도 한다. 사회적인 분위기가 기술직이 나라를 건설한 근본 원동력이라는 인식이 강해 건설노동자들이 스타벅스에 들어가 커피를 주문하는 것이 일상이며 자연스럽다. 당연하기 때문에 아무도 신경 쓰지 않는다. 만약 우리나라였다면 어떠했을까?

비록 캐나다만큼은 아니지만, 우리가 세미 셀프 인테리어를 할 때 기술자를 대하는 자세는 기술자로서 그들을 존중하는 모습이어야 한다.

현장 기술직이라 해서 거칠게 이야기하거나 예의를 지키지 않으면 내 얼굴에 침을 뱉는 것이나 다름이 없다. 세미 셀프 인테리어를 하는 데 그들은 가족이나 다름없기 때문이다. 그리고 기술자분들도 정상적인 분들이라면 소리치는 발주자보다 매너 있는 발주자에게 더 일을 잘해주기 마련이다.

만약 누군가 이렇게 말한다면 그분은 사업에 잔뼈가 굵으신 분일 확률이 높다.

"사업을 하는 데 기술력보다 더 중요한 점은 사람을 대하는 것이다."

인간은 누구나 존중받을 권리가 있다. 하지만 우리가 먼저 누군가를 존중하지 않는다면 나 역시 존중받지 못할 것이다.

2

기술자분은 어디서 구하나요?

세미 셀프 인테리어의 관건은 공정 순서와 특징을 파악하는 것이지만, 그것 못지않게 중요한 것은 기술자분들의 수급이다. 어떤 분들은 어렵지 않게 이 부분을 해결하기도 하고 어떤 분들은 이 부분에서 가장 어려움을 겪기도 한다. 하지만 어려움을 겪게 되더라도 너무 실망하지 말라. 오히려 그것 또한 지극히 정상이기 때문이다.

기술자분들을 찾는 것 자체는 어려운 것이 아니다. 가장 어려운 부분은 바로 이것일 것이다.

1. 나와 맞는
2. 품질 좋은 시공을 하는,
기술자를 어떻게 구하는가?

많은 분들이 이런 조건의 기술자를 어떻게 구하는지 어려워하신다. 우리가 제품을 고를 때는 그 제품의 사양이나 재질, 마감 상태 등을 눈으로 보거나 손으로 만져보고 결정을 할 수 있다. 하지만 기술자는 그것이 매우 어렵다. 우리가 신이 아닌 이상 사람의 성격이나 그 사람의 경력을 꿰뚫어 볼 수는 없기 때문이다. 그렇다고 기술자분에게 '포트폴리오 좀 볼 수 있을까요?'라고 말할 수도 없는 노릇이다. 그렇다면 이 문제를 어떻게 해결해야 하는가. 필자는 지인에게 기술자를 소개받는 경우가 아니라면 그냥 부딪쳐보는 수밖에 없다고 생각한다.

자신이 기술자가 아닌데 기술자라고 말하는 사람은 많지 않다. 다같은 기술자지만 그 결과물을 만들어내는 방법이나 성격만 조금 다를 뿐이다. 즉, 리스크가 크지 않다는 말이다. 또한, 좋은 기술자의 위 두가지 조건 중, 첫 번째는 통화나 대화로 어느 정도 파악할 수도 있다. 여러분도 잘 알고 있을 것이다. 리스크 없는 투자는 존재하지 않는다는 것을 말이다.

기술자분들이 활동하고 있는 좋은 온라인카페와 플랫폼을 공유하고자 한다.

인기통 '인테리어 기술자 통합 모임카페'
https://cafe.naver.com/0404ab

셀프 인테리어 '마이홈'
https://cafe.naver.com/overseer

숨은고수(숨고)
https://soomgo.com

첫 번째 온라인 카페는 꽤 오래전부터 활성화된 카페로, 많은 기술자분들과 그들을 찾는 분들이 활동하고 있는 곳이다. 공정별로 기술자분들을 섭외할 수 있으며, 공정마다 견적을 문의할 수도 있다. 기술자분의 연락처나 견적문의를 온라인쪽지로 주고받기 때문에 금방 확인할 수 있어 편리하다.

필자도 급할 경우 이곳에서 기술자분들을 구해보았는데, 다들 좋은 분들이었다. 다음에 일이 있으면 또 불러달라며 명함을 주시는 매너 있는 분들이었다. 가끔 카페에서 인건비 지급 문제로 분쟁이 생기곤 하는데, 흔히 있는 일은 아니다.

사실 이미 아시는 분들도 있겠지만 '대한민국'의 건설업종에서 인건비 지급 문제로 분쟁이 생긴다면 열에 아홉은 그 책임 소지가 일을 의뢰하는 사람에게 있다.

그러므로 기술자분들을 섭외하는 데 너무 많은 걱정을 하지 않아도 된다. 사람에 대한 예우만 잘 지킨다면 크게 문제될 일은 없을 것이다.

시도해보지도 않고 포기하면 아무것도 이루어지지 않는다.

두 번째 온라인카페 마이홈은 셀프 인테리어로 유명한 카페로 많은 사람들이 조언을 얻고 경험을 공유하는 곳이다. 간단한 검색으로 셀프 인테리어 노하우부터 좋은 기술자와 공사를 진행한 후기 등을 찾아볼 수 있다. 이곳에서 자주 언급되는 기술자분들은 검증된 분들이라고 봐도 무방하다.

세번째 숨고라는 사이트는 각종분야의 전문가와 의뢰인을 연결해주는 플랫폼으로 원하는 미션을 수행하기 위해 해당 전문가들로 부터 견적을 받아볼수 있다.

합리적인 가격에 비교적 훌륭한 기술자들을 만나볼수 있어 필자도 자주 애용하고 있다.

3

인테리어 공정의 일반적인 순서

세미 셀프 인테리어를 진행하기 위해서 가장 먼저 파악해야 할 점은 바로 공정 순서다. 공정 순서를 알지 못하면 아무리 좋은 기술자분이 공사해도 공사가 엉망이 될 수 있다. 뒤죽박죽된 공정 순서는 기술력으로 만회할 수 있는 부분이 아니다.

이제 필자가 이야기하고자 하는 인테리어의 공정 순서는 주거 공간, 즉 아파트나 빌라, 오피스텔 등에 해당하는 인테리어의 공정 순서다. 단독주택 리모델링이나 상업 공간에서의 공정 순서도 큰 맥락은 비슷하지만, 변수가 매우 많기 때문에 제외하기로 한다.

다시 말하지만, 다음 나열된 인테리어의 공정순서는 절대적인 것은 아니며, 주거 공간에 한정된 통상적인 공사 순서다. 공정 순서는 외워도 좋지만, 왜 이러한 순서가 되는지 이유를 알게 된다면 상황에 따라 공정 철거 공사 − [창호 공사] − 설비 공사 − 목공 공사 − 전기 공사 − 타일 공사 − [금속 공사] − 도장(페인트)&필름 공사 − 바닥재 공사 − 도배 공사 − 가구 공사 − 조명 공사 − 마무리 공사 − 청소

인테리어의 일반적인 공정

순서를 변경해야 할 때 순조롭게 대처할 수 있다. 쉽게 암기하고 이해하기 위해서는 한 가지를 염두에 두면 된다.

'보이지 않는 부분을 먼저 공사한다.'

사무 업무인 영업, 설계, 견적 등의 작업을 제외하고 현장에서 가장 먼저 진행되는 공정은 바로 철거 공사다. 철거 공사는 죽어가는 공간에 새 생명을 불어넣기 위한 첫 번째 작업으로, 낡고 고장 난 부분들을 뜯어내고 그로 인해 나온 폐기물을 처리하는 과정까지 포함한다. 만약 오래되어 내려앉은 싱크대를 철거하지 않고 인테리어 공사를 진행한다면 어떻게 될까. 아마 설비 기술자분들이 와서 이렇게 이야기할 수도 있다.

"조절 밸브(싱크대하부안 쪽에 달려 있는 밸브)를 달아야 하는데 철거를 안 해놓으면 어떻게 합니까?"

그리고 타일기술자가 와서 이렇게 이야기할 수도 있다.

"이 싱크대 쓰실 거죠? 타일을 이 라인대로 똑같이 붙이면 될까요?"

이렇게 된다면 곤란해지기 때문에 새로 교체되거나 필요 없는 부분을 없애는 철거 공사가 먼저 진행되어야 하는 것이다. 이는 밭을 일구기

전에 돌을 골라내는 작업과 같다고 보면 된다. 깨끗이 철거된 현장을 보면 기분이 좋고 다음 공정의 기술자분들도 좋아하신다.

철거 공사가 완료되고 창호 교체 공사가 없다면 설비 공정을 시작한다. 이는 방수 공사도 포함하는데, 보통 바닥난방배관, 수도배관, 싱크대 수전배관 공사와 욕실 쪽의 배관 변경 공사를 말한다. 설비 공사가 다른 공정보다 먼저 진행되는 이유는 먼지가 많이 나는 공사이며, 가장 깊숙한 보이지 않는 부분의 공사이기 때문이다. 설비 공사는 배관의 상태가 좋거나 배관을 변경할 필요가 없다면 생략할 수 있다.

설비 공사 후에는 시멘트 양생 기간을 갖는다.

설비 공사 다음에는 상황에 따라 목공 공사나 전기 공사가 시작되는데, 보통 동시에 진행된다. 목공 공사와 전기 공사는 서로 긴밀한 협조를 해서 진행된다. 목수분들과 전기 기술자분들이 잘 협심할 경우 공사가 매우 순조롭게 진행된다.

목공 공사, 전기 공사가 먼저 들어가는 이유 역시 보이지 않는 부분의 공사이기 때문이다.

다음으로 진행되는 타일 공사를 진행할 때는 다른 공정 기술자들이 같이 일하는 것을 꺼릴 정도로 먼지가 많이 난다. 타일을 붙이기 위해 시멘트를 갤 때 먼지가 많이 나고, 타일을 재단할 때 쓰이는 '그라인더'라는 전동공구가 많은 먼지를 유발하기 때문에 반드시 마스크를 끼고 작업해야 한다. 오죽하면 타일 공사가 완료되면 인테리어 공사의 반 이상은 끝났다고 하겠는가.

타일 공사가 완료되면 필요할 경우 금속 공사가 들어가게 되고 그렇지 않을 경우, 도장 공사 또는 필름 공사가 들어가게 된다. 도장 공사와 필름 공사는 일반적으로 순서가 바뀌어도 크게 상관은 없지만, 굳이 순서를 따지자면 벽면이나 천장 등의 많은 면적을 페인팅하는 공사일 경우 도장 공사가 먼저 진행되는 것이 좋다. 필름 공사가 되어 있는 상태에서 페인팅하려면 필름 공사가 완료된 부분에 페인트가 묻지 않도록 보양 공사를 해야 하는데, 그 작업이 만만치 않기 때문이다.

두 공사가 완료되면 바닥재 공사와 눈에 보이는 공사의 가장 큰 부분을 차지하는 도배 공사가 진행된다. 이 두 공사는 걸레받이 시공의 유무에 따라 순서가 달라지기도 하는데, 걸레받이 공사가 있을 경우 도배 공사보다 걸레받이 시공이 선행되는 것이 좋다. 이 걸레받이 위에 도배지가 3~5mm 정도 엎혀져야 마감이 깔끔하게 나오기 때문이다.

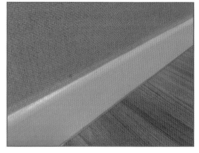

걸레받이 위에 도배지 얹힌 모습

혹자는 이런 의문이 들 수도 있다. '왜 필름 공사는 도배 공사보다 먼저 하나요?' 도배 기술자분들은 도배지의 끝부분을 도배 칼로 깔끔하게 재단한다. 이때 몰딩, 방문틀, 걸레받이 등의 필름으로 마감된 부분과 도배지 부분이 자주 만나게 되는데 도배지를 필름 위에 3~5㎜ 정도 얹힌 상태로 재단하면 깔끔한 마감이 나오기 때문에 도배 공사를 나중에 하는 것이다.

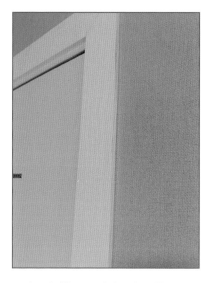

필름 작업한 문틀 위에 도배를 얹힌 모습

바닥재와 도배 공사 순서 부분에서 주의할 점이 있다. 일반적으로 바닥재를 먼저 시공한 후 도배 공사를 한다. 하지만 만약 고급마루로 바닥재 공사를 해야 할 경우라면, 바닥재 공사보다 도배 공사를 먼저 하는 것을 추천하고 싶다.

도배할 때 '우마'라고 하는 높은 곳을 시공하기 위해 기술자분들이 딛고 올라가는 공구가 있다. 보통 알루미늄이나 스틸로 만들어져 있는데, 이 공구로 인해 바닥에 스크래치가 생길 수 있기 때문이다.

도배용 우마(출처 : 공구월드)

그렇다면 고급마루 시공 시 공정 순서는 어떻게 하는 것이 좋을까? 이럴 때, 필자는 다음과 같은 순서로 공사를 진행한다.

① 목공 공사를 할 때, 목수분에게 부탁해 걸레받이만 미리 시공 해놓는다.
② 도배 공사를 한다.

③ 마루를 깐다.

이 순서대로 한다면 스크래치 예방과 깔끔한 마감 2가지 효과를 얻을 수 있다.

도배 공사가 끝나면 싱크대, 붙박이장, 신발장 등의 가구 공사를 시작한다. 가구 공사 완료 후에는 조명 공사를 하는데, 조명의 위치가 미리 계획되어 그 위치에 전선이 빠져나와 있어야 한다. 스위치나 콘센트 공사도 마찬가지다.

그리고 마무리 공사는 현장에서는 '마감 공사'라고 부르지만, 이해를 돕기 위해 마무리 공사라고 표현했다. 이는 보통 실리콘 공사가 대부분을 차지하며, 덜 시공된 줄눈 보강, 벗겨진 페인트 보수 등 다른 공정들의 부족한 부분을 보강하는 공사도 포함된다.

그리고 마지막으로 입주 청소를 하게 된다.

세미 셀프 인테리어
공정별 특징 & 노하우

그렇다면 세미 셀프 인테리어를 위한 공정별 특징은 무엇이며, 노하우는 무엇이 있을까? 이번 장에서는 공정별 특징과 노하우뿐만 아니라, 그 공정을 진행할 때, 어떠한 방법으로 진행하면 좋은지 간략히 표기하려 한다. 셀프로 진행하기 좋은 공정은 '셀프 추천'의 준말인 '셀추'라고 표기하고 기술자 섭외로 진행하기 좋은 공정은 '기술자추천'의 준말인 '기추'라고 표기하도록 한다. 또한, 일부분 셀프로 진행할 수 있는 공정은 '부분 셀프 추천'의 준말인 '부추'라고 표기한다.

1

공사 동의서 받기 – 셀추

현장에서 진행되는 작업은 아니지만, 철거 공사보다 선행되어야 하는 작업이 있다.

그것은 바로 '공사 동의서 받기'다. 철거 공사 시작 2~3일 전에 진행하면 민원을 많이 줄일 수 있다. 공동주택 중 아파트에서는 거의 필수적이며 단지마다 서명을 받아야 하는 동의서 비율은 상이하다. 어떤 곳은 아래위로 각각 3개 층 동의만 필요로 하는 곳이 있는가 하면, 한 동 전체를 다 돌며 50% 이상 동의를 받아야 하는 곳도 있다.

만약 '동의서 받기' 작업이 끝났다면 관리사무소에 제출하고 엘리베이터에 공사 안내문을 부착한다. 이때 소음이 가장 많이 발생하는 날짜를 미리 공지해 아파트 주민이 미리 대비하도록 배려해주면 좋다.

대부분의 아파트는 엘리베이터 보양 작업을 필요로 하는데 이는 공

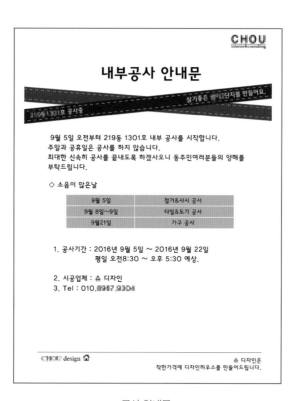

내부공사 안내문

9월 5일 오전부터 219동 1301호 내부 공사를 시작합니다.
주말과 공휴일은 공사를 하지 않습니다.
최대한 신속히 공사를 끝내도록 하겠사오니 동주민여러분들의 양해를
부탁드립니다.

◇ 소음이 많은날

9월 5일	철거&사시 공사
9월 8일~9일	타일&도기 공사
9월21일	가구 공사

1. 공사기간 : 2016년 9월 5일 ~ 2016년 9월 22일
   평일 오전8:30 ~ 오후 5:30 예상.

2. 시공업체 : 디자인
3. Tel : 010.

CHOU design

착한가격에 디자인하우스를 만들어드립니다.

공사 안내문

사 자재가 드나들며 스크래치를 발생시키는 일을 막기 위해서다. 신축
아파트일 경우에는 엘리베이터 전용 보양 시설을 보유하고 있는 곳도
있지만, 대부분 10년 이상 지난 아파트는 따로 보양 시설을 갖고 있지
않다. 그렇기 때문에 롤 단위로 말려 있는 보양지나 못쓰는 장판을 이용
한 보양이 필요하다.

엘리베이터 보양과 공사안내문 정도만 잘 해놓아도 민원 없는 공사
환경이 조성되기 때문에 공사하기가 많이 수월해진다.

2

철거 공사 - 기추&부추

철거 공사를 쉽게 보시는 분들이 많다. 필자도 처음에는 그렇게 생각했다. 그리고 직접 해보고 한 가지 진리를 깨달았다. 바로 '모든 일은 직접 해보기 전에 쉽게 판단하지 말라'라는 것이다. 철거 공사를 망치로 대충 부수고 톱으로 자르고 마대 자루에 담아서 버리면 되지 않을까 하고 얼핏 생각할 수도 있다. 하지만 우리가 간과하고 있는 점은 망치로 부수고 톱으로 자르는 것도 기술이라는 점이다. 심지어 마대자루에 폐기물을 담는 것이나 트럭에 담는 것까지도 말이다.

주거 공간을 공사할 때, 진행하는 철거 공사 부위는 보통 다음과 같다.

싱크대 철거

욕실 철거

날개벽 철거

설치 가구류 : 낡은 싱크대, 신발장, 붙박이장, 창고문 등

타일, 도기류 : 욕실 집기&타일, 싱크대 벽면 타일, 베란다 타일 등

확장 공사 시 생기는 날개벽(조적벽일 경우만 철거 가능)

목공 부위 : 천장, 문틀, 문짝, 문지방, 몰딩, 걸레받이

기존 낡은 바닥재

기존 낡은 창호

위 철거 공사 부위 중 셀프로 할 만한 것은 설치 가구류다. 드라이버만 있으면 분리가 가능하기 때문이다. 그러나 나머지 부분은 특별한 공구가 필요하기 때문에 셀프 공사가 쉽지 않다. 타일류를 철거할 때는

현장 용어로 '뿌레카'라는 대형 파괴 해머드릴이 필요한데, 무거워서 체력이 많이 소모되고 타일의 어느 부위에 비트(드릴의 뾰족한 부분)를 갖다 대야 하는지 알지 못하면 철거하는 데 시간도 오래 걸린다. 뿌레카는 조적 벽을 철거할 때도 쓰인다.

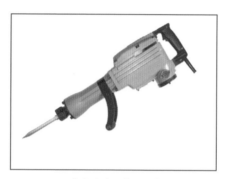

파괴 해머드릴(뿌레카)

방문틀이나 문지방은 '컷쏘'(reciprocating saw)라는 공구를 사용해 철거한다. 컷쏘로 방문틀이나 문지방의 중간 부분을 커팅한 상태에서 대형 빠루로 지렛대 원리를 이용해 젖히는 방식으로 철거한다.

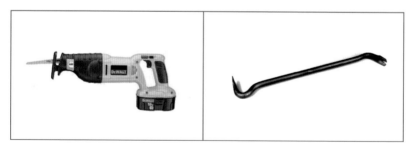

컷쏘   빠루

몰딩이나 걸레받이 역시 빠루를 사용해 철거하긴 하지만, 대형 빠루를 사용해 철거하게 되면 몰딩이 붙어 있는 기존 석고 벽면이 부서질 수 있으므로 소형 인테리어 빠루를 사용해 철거하는 것이 좋다.

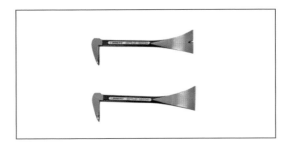

인테리어용 소형 빠루

바닥재 철거는 기존 바닥재의 종류에 따라 견적이 꽤 차이가 나는데, 비용은 장판에서 온돌마루 순으로 높아진다.

바닥재 철거 비용
장판 〈 강화마루 〈 강마루, 온돌마루

온돌마루 철거 모습

장판은 공구 없이 맨손으로 철거할 수 있으므로 비용이 저렴하고 온돌마루는 본드로 부착되어 있어 유압 기계로 철거한 후 샌딩(바탕면 정리)을 해야 하기 때문에 철거 비용이 높다.

창호 철거에 있어서 창호팀은 설치팀과 철거팀으로 분업되어 있으므로 창호를 주문했다면, 따로 철거팀을 부를 필요는 없다.

철거 기술자 즉, 철거업체에 공사를 의뢰할 경우 철거 개소당 얼마씩의 비용을 매기게 되는데, 그 예는 다음과 같다.

철거 부분	비용(단위 : 만원)
욕실 1개 전체 철거	35
싱크대 철거(소형)	9
전체 몰딩 & 걸레받이	10
방문틀 & 방문짝 4개소	20
문지방 4개소	8
마루철거 15평	30
합계	112

*위 표의 비용은 대략적인 것이며 실제와 다를 수 있음.

철거업체에 따라 욕실 철거를 하면서 욕실 방수 공사까지 함께 진행하는 곳이 있으므로 사전에 확인하고 진행해야 한다.

가끔 철거 비용을 보고 깜짝 놀라는 분들이 많다. 예상보다 비용이 많이 나오기 때문이다. 그러나 철거 공사를 하는 날 현장을 가보면 왜 비용이 많이 발생하는지 알 수 있다.

욕실 1개소를 전체 철거할 경우, 폐기물의 양은 얼마나 될까? 크기에 따라 다르겠지만, 욕실 변기, 세면대 등까지 모두 다 부순 후, 1톤 트럭에 차곡차곡 실을 경우 거의 적재함을 채운다. 그리고 나머지 폐기물은 양쪽으로 합판을 세워 다시 쌓게 된다.

철거 전과 후의 폐기물의 부피는 많이 차이가 난다. 보통 1.5배 이상 늘어나게 되는데 조밀하게 시공된 자재를 철거하면서 공극이 생겨 부피가 늘어나기 때문이다.

철거업체가 1톤 트럭을 가득 채워 폐기물처리장에 버리고 지불하는 비용은 최소 25만 원에서 시작된다. 이러한 폐기물 처리 비용까지를 포함하는 철거 비용은 결코 비싸다고만은 볼 수는 없다. 기술자가 다치는 경우의 산재 처리도 업체에서 부담한다면 더욱 그러하다.

필자가 철거 공사를 '기술자 추천'이라고 하는 이유는 모든 공정 중 가장 거칠고 위험하며, 사고가 많이 나는 공정이기 때문이다. 특히 천장을 철거할 경우, 노련한 철거 기술자는 천장이 어디서부터 내려앉을지를 예상하고 철거한다. 만약 셀프로 진행해 중구난방으로 천장을 철거할 경우에는 매우 위험한 상황이 발생할 수도 있다.

만약 내가 위에 제시된 철거 비용을 100만 원 미만으로 줄이고 싶다면 어떻게 해야 할까? 내가 가진 공구가 드릴, 망치, 소형 빠루뿐이라면?

두 번째 항목인 싱크대 철거와 세 번째 항목인 몰딩&걸레받이철거를 셀프로 진행하면 된다. 그렇게 되면 19만 원을 줄일 수 있을 것이다. 대신 뜯어낸 폐기물은 철거업체에 소정의 비용을 지불하고 처리해야 할 것이다.

필자는 시간이 허락된다면 몰딩과 걸레받이 정도는 셀프로 철거하기도 한다. 셀프로 하기 적당한 강도이고, 소요시간도 길지 않기 때문이다.

철거 공사 시 주의점과 팁

- 온돌마루 철거는 여타의 철거 공사보다 우선하여 하는 것이 좋다. 먼지가 많이 나고 공구나 공사자재들이 들어온 후부터는 철거가 힘들기 때문이다. 마루 시공을 의뢰하는 업체를 통해 따로 철거하면 비교적 저렴하게 할 수 있다.

- 철거업체 선정 시에는 철거와 설비를 함께 진행하는 업체가 여러모로 좋을 수 있다. 확장 공사나 욕실 철거 공사를 할 경우는 반드시 설비 공사가 필요한데, 철거업체가 설비 공사를 함께 진행할 수 있으면 따로 설비 공사업체를 섭외하는 수고를 덜 수 있다.

- 창호의 주문 발주 기간은 5~6일 정도 소요되기 때문에 창호의 주문은 철거 공사 5~6일 전에 이루어져야 철거 공사와 함께 창호를 시공할 수 있다. 일정이 급하지 않다면 철거 공사와 창호 공사 날짜를 따로 잡는 것이 좋다. 두 공사가 같은 날 겹치면 현장이 아수라장이 되기 쉽기 때문이다.

- 문지방을 철거한 부분은 미장으로 매끈하게 마감해야 한다. 이에 대해 철거 공사 전에 추가 비용이 들어가는지 업체에 미리 확인하고 진행하는 것이 좋다. 문지방을 컷쏘로 자를 때 하단에 난방 배관이 지나갈 수 있으니 철거업체에 주의를 당부하는 것이 좋다.

위 내용을 종합해보면 아래 조건일 경우, 철거 공사의 추천 진행 순서는 다음과 같다.

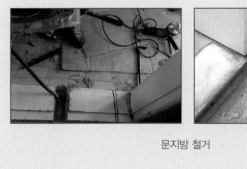

문지방 철거

철거 조건	진행 순서
욕실 전체 철거	1일차 오전 : 마루 철거 → 1일차 오후 : 창호 철거&
기존 온돌마루 철거	시공 → 2일차 : 욕실 철거&방수, 문짝&문틀 철거,
기존 창호 철거 & 교체	가구류 철거, 미장 & 설비 공사
미장과 약간의 설비 공사	

철거 조건	진행 순서
욕실 전체 철거	1일차 오전 : 장판 철거(1시간 정도) → 1일차오후 :
장판 철거	욕실 철거&방수, 문짝&문틀 철거, 가구류 철거, 미
창호 교체 없음	장&설비 공사
미장과 약간의 설비 공사	

이와 같이 창호를 교체하더라도 철거 공사는 하루 또는 이틀안에 끝나게 된다.

3

설비 공사 – 기초

　세미 인테리어 공사에서 눈에 보이지 않는 대표적인 공정에는 설비 공사와 전기 공사가 있다. 이 중 더 중요한 공정은 무엇일까? 굳이 중요도를 따지자면 필자는 설비 공사라고 생각한다. 하자 발생 시 더 큰 손해를 입는 공사이기 때문이다.

　주거공간에서 전기 공사의 하자는 누전이 대표적인데, 이는 차단기라는 안전장치가 있기 때문에 큰 피해로 이어질 가능성이 낮다. 하지만 설비 공사는 유체를 다루는 특성상 한번 하자가 나서 유체가 새기 시작하면 막대한 피해로 이어진다. 그렇기 때문에 가장 신중을 기해야 하는 공정이다. 그래서 셀프 추천을 하기 어렵다.

　주거공간의 세미 인테리어 공사에서 설비 공사의 범위는 다음을 크게 벗어나지 않는다.

① 분배기 교체 공사&난방 배관 교체 공사

② 확장 공사에 필요한 난방 배관 연장 공사

③ 수도배관 & 하수도 배관 변경 공사

④ 욕실 방수 공사

1번과 2번은 자주 하는 공사는 아니지만, 2번 같은 경우는 확장 공사를 할 때 필수적으로 해야 하는 공사다. 확장 공사를 상담하다 보면 가끔 난방배관 연장을 하지 않아도 된다는 업체가 있을 것이다.

난방 배관을 확장 부위로 연장하지 않는다면 겨울에 상당히 춥기 때문에 나중에 다시 마루를 다 들어내고 공사할 것이 아니라면 연장하는 것이 정신건강에 좋다.

만약 분배기가 20년 이상 지나 매우 노후화되어 물이 흐른 자국이 있다면 교체하는 것이 좋지만, 바닥 콘크리트 안에 묻혀 있는 난방배관은 아주 오래된 동(구리)배관이 아닌 이상 잘 교체를 하지 않는 것이 일반적이다.

3번과 4번은 인테리어에서 자주 하는 설비 공사로서 주로 싱크대 벽면의 수도배관을 아래로 내리는 공사나 욕실 세면대 하수구를 벽면으로 옮길 때 많이 한다.

싱크대 수도배관을 아래로 내리고 조절 밸브를 달면 수전이 고장 나더라도 손쉽게 냉온수를 컨트롤할 수 있으며, 입수전을 사용할 수 있어 미관상으로도 좋다.

수도 배관 변경 후

상당수의 아파트 욕실의 바닥에는 2개의 하수구가 있는데, 한 개는 청소나 샤워할 때 물이 빠지는 곳이고 나머지 한 곳은 세면대의 물이 빠지는 곳이다. 그러나 세면대의 자바라 트랩이 바닥 하수구에 연결되면 욕실 청소 시 거추장스럽고 미관상 좋지 않아 벽 배관으로 하수구를 바꾸기도 한다.

세면대 바닥 배관을 벽 배관으로 변경

설비 공사 시 주의점과 팁

- 싱크대 수전 배관을 아래쪽으로 내리는 작업을 기술자가 했다 하더라도 반드시 다음 날 물기가 스며 나오는지 확인해야 한다. 물은 약간만 새어도 나중에 아래층에 치명적인 문제를 일으키기 때문이다. 물과 관련된 공사는 꼭 더블체크를 해야 한다. 마른 휴지를 사용해서 체크하면 쉽게 확인할 수 있다.

- 확장 공사를 하게 될 경우 만약 좀더 높은 난방 효과를 원한다 면 설비 기술자분에게 공사 전에 방열판을 추가로 깔아달라고 요청하 면 된다. 열전도율이 높은 방열판이 난방을 극대화시키기 때문이다.

방열판 시공

4

목공 공사 - 기추

실내 공사 현장에서 많이 들을 수 있는 탕탕거리는 경쾌한 타카 소리가 울려 퍼지면 목공 공사가 진행되고 있다는 신호다.

인테리어의 심미적인 부분에서 목공 공사는 가장 큰 역할을 하는 공정이다.

목재료인 나무는 가공성이 좋아서 만들 수 없는 구조물이 없다. 내가 원하는 모양대로 벽을 세우거나 구조물을 만들기 위해서는 목공이 반드시 필요하다. 또한, 앞으로 진행될 마감 공사의 기본 바탕이 되는 공사이기 때문에 목공 공사가 깔끔히 완료되어야 후속 공정도 매끄럽게 진행된다. 이러한 이유로 목수분들의 인건비가 타일기술자와 더불어 가장 높으며, 인테리어업체의 사장님들은 목수 팀장(도목수)님과 가장 돈독한 관계를 유지한다.

세미 인테리어에서 목공 공사 준비의 과정은 다음과 같다.

공사 날짜 선정 – 공사할 부위 선정 – 자재 물량 산출 – 기술자 섭외
– 자재 주문 – 공사 전날까지 자재 양중

참고로 목수분들 중 일이 많아서 여기저기 불려다니시는 분들은 몇 가지 특징이 있는데, 그것을 살펴보면 다음과 같다.

– 공간을 보고 구조물을 어떻게 만들어야 하는지 빠르게 생각해낸다.
– 한 부분의 공사를 할 때, 한 가지 방법이 아닌 여러 가지 방법을 생각해낸다.
– 특정 상황에서 어떠한 재료와 공구를 사용해 풀어나가야 할지 잘 알고 있다.

이는 목공 공사를 하기 위해서는 공간 감각과 상황에 따른 빠른 대처 능력이 필요하다는 뜻이며, 목수분들의 인건비가 왜 고가인지를 이해하게 한다.

주거공간에서 목공 공사의 범위는 대략 다음과 같다.

① 문틀, 문짝 교체 또는 리폼 공사

② 몰딩, 걸레받이 공사

③ 확장 공사 후 벽 단열 공사

④ 가구 또는 칸막이 공사

⑤ 천장 등박스 공사

천장 상태가 매우 안 좋을 경우 전체 천장 공사도 하지만, 일반적이지는 않으므로 제외했다.

(1) 문틀, 문짝 교체 또는 리폼 공사

문틀과 문짝을 교체할 경우, 이미 목공 공사 며칠 전에 문틀과 문짝이 사이즈에 맞게 주문이 되어 있는 상태여야 한다. 문틀과 문짝을 교체하는 작업은 언뜻 보기에는 퍼즐처럼 끼워 넣으면 그만인 것처럼 쉬워 보이지만, 실제로는 매우 난이도 있는 작업이다. 가로, 세로, 앞뒤 3가지의 레벨을 모두 고려해 시공해야 하기 때문에 이 작업에 익숙하지 않은 목수는 작업 시간이 오래 걸리기도 한다.

문틀과 문짝은 교체 이외에도 '리폼'이라는 것을 하기도 한다. 이는 기존 문에 붙어 있는 양각 문양을 떼어내고 재단된 MDF를 붙여 심플한

문틀 설치

모양의 문짝으로 바꾸는 것을 말하는데, 페인트나 필름 작업을 위한 선행 작업이다. 필름 마감을 할 경우는 거의 새것과 같은 느낌이 된다. 많은 분들이 문짝 교체 대신 리폼을 하면 목공 공사 비용이 많이 절감된다고 생각한다. 그러나 교체와 리폼을 비교해보면 생각보다 많은 비용이 절감되지는 않는다는 것을 알 수 있다. 교체 시에는 필름 마감이 필요가 없지만, 리폼 시에는 필름 작업이 필요하므로 이로 인한 인건비가 발생하기 때문이다.

	목자재	단가	소요량(개)	비용(원)
교체시	ABS 문틀	50,000원/개	4	200,000
	ABS 문짝	80,000원/개	4	320,000
	문선 몰딩	2,000원/개	12	24,000
	목공 인건비	300,000원/명	1	300,000
	기존문 철거비	40,000원/개	4	160,000
	합 계			1,004,000
	목자재	단가	소요량(개)	비용(원)
리폼시	MDF 6mm	7,500원	2	15,000
	문선 몰딩	2,000원/개	12	24,000
	목공 인건비	200,000원/명	1	200,000
	필름	6,000원/㎡	24	144,000
	필름 인건비	180,000원/명	3	540,000
	합 계			923,000

방 3개, 욕실 1개 기준의 문짝, 문틀 공사 비교표
*자재 가격은 실제와 다를 수 있음.

(2) 몰딩, 걸레받이 공사

몰딩과 걸레받이는 페인트나 필름으로 리폼하기도 하지만, 교체하는 비용과 별로 차이가 나지 않으므로 교체를 추천한다. 몰딩과 걸레받이는 천장과 벽, 벽과 바닥이 만나는 부분의 라인을 잡아주는 역할을 한다. 집의 천장과 벽이 만나는 부위는 정확히 직선이 아니기 때문에 약간 울퉁불퉁하며 파도치는 듯한 모양이 된다. 하지만 몰딩이 그 부분을 직선으로 보이게끔 만들어준다. 인테리어 마감의 생명은 곧은 라인이기 때문에 적은 비용의 공사지만 큰 역할을 하는 공사라고 할 수 있다.

	자재	단가	소요량(개)	비용(원)
교체시	몰딩	2,000원/개	30	60,000
	걸레받이	3,000원/개	26	78,000
	인건비	300,000원/명	1	300,000
	철거비	80,000원/전체	1	80,000
	합 계			518,000
	자재	단가	소요량(개)	비용(원)
페인트 리폼시	수성페인트	15,000원/쿼터	1	15,000
	부자재(붓, 젯소 등)	20,000원/전체	1	144,000
	페인트 인건비	200,000원/명	2	400,000
	합 계			559,000
	자재	단가	소요량(개)	비용(원)
필름 리폼시	필름	6,000원/㎡	12	72,000
	필름 인건비	180,000원/명	2	360,000
	합 계			432,000

방3 개 24평형 기준 몰딩, 걸레받이 교체/페인트/필름 시공 비교 예

때로는 페인트기술자를 섭외해 리폼할 경우 교체하는 것보다 비용
이 더 많이 나오기도 한다. 다만 페인트 리폼을 직접 셀프로 진행한다면
페인트 공사의 인건비 부분은 줄일 수 있을 것이다.

시중에서 파는 몰딩과 걸레받이의 길이는 2.4m이므로 필요 수
량 산출법은 다음과 같다. 다만 산출된 걸레받이에 로스율을 감안하여
20% 정도 여유 있게 자재를 주문하는 것이 좋다.

몰딩이 필요한 공간의 총 둘레길이 / 2.4m= 필요한 몰딩 개수
걸레받이가 필요한 공간의 총 둘레길이 / 2.4m = 필요한 걸레받이 갯수

(3) 확장 공사 후 벽 단열공사

확장 공사가 필요한 공사라면 확장된 부위의 양쪽 벽면은 목 공사가 필수적이다. 베란다를 확장할 때 양쪽 벽면을 만들어줘야 하기 때문이다. 이때 단열재로 넣는 자재는 아이소 핑크를 많이 사용한다. 단열재가 촘촘히 시공되지 않으면 결로 현상이 발생할 수 있으므로 '우레탄폼'을 사서 목수분에게 가져다드리고 꼼꼼한 시공을 부탁하면 좋다.

확장 부위 목공 공사 사진

(4) 가구 공사와 그 밖의 선반 공사 등

목공으로 맞춤 가구를 만드는 것이 아니라면 주거공간에서 가구 공사를 할 일은 거의 없다. 하지만 때때로 붙박이 의자, 무지주 선반, 맞춤 책장 같은 의뢰가 함께 들어오기도 한다. 세미 셀프 인테리어에서 목공으로 가구 짜는 일이 필요하다면 간단한 스케치로 그림을 그려 목수분에게 보여드리면 많은 도움이 된다. 이때 원하는 치수까지 적어놓는다면 더욱 좋다.

(5) 벽&천장 목공 공사의 자재 산출

세미 셀프 인테리어로 벽이나 천장의 목공 공사를 진행하려면 필요한 목공 자재를 주문해야 하는데, 그러기 위해서는 목공 자재를 어느 정도 산출해낼 줄 알아야 한다. 목공 공사의 자재 산출은 공부를 조금 해야 한다. 처음엔 어려워 보이지만 이해하면 별것 아니라는 것을 알게 된다.

만약 가로 3200mm, 세로 2300mm의 벽에 석고보드로 목공으로 벽공사를 하려면 자재가 얼마나 들지 생각해보자.

현장에서 다루끼라고 불리는 각재는 주로 벽면 마감 전에 불규칙한 콘크리트 벽면의 수평을 잡고 목공 벽의 뼈대를 만드는 데 쓰인다. 자재상에서는 각재를 12개씩 묶어 판매하는데, 이를 1단이라고 한다.

벽면 목 공사를 그림으로 간단히 표현해보자.

이는 벽면 목 공사의 자재산출을 설명하기 위해 간단히 표현한 그림이다. 각재는 벽면에 주로 300mm(또는 450mm) 간격으로 설치하고 그 위에 석고보드를 설치한다.

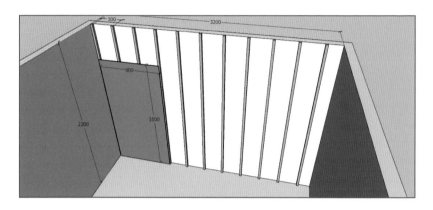

벽면 목공 공사의 예

그러므로 각재는 12개(1단) 정도가 필요하다. 또한, 이 벽면에 석고보드의 소요 장수는 벽면의 면적/석고보드의 면적이 될 것이다. 즉,

$$(3200 \times 2300)/(900 \times 1800) = 4.5432\cdots.$$

이므로 석고보드는 5장 정도가 필요하다고 생각하면 된다.

만약 벽면을 석고보드가 아닌 합판으로 마감한다면 몇 장이 필요할까?

합판은 기본 사이즈가 1200×2400이므로 같은 방식으로 계산하게 되면 3장이 필요하다는 것을 알 수 있다.

천장 목공 공사 역시 목자재 산출 방법이 비슷하지만 '달대'라는 천장의 수평을 잡기 위한 구조물 설치를 위해 각재의 소요량이 더 들어갈 수 있으므로 이는 목수분과 상의해 결정하는 것이 좋다.

목 공사 시 주의점과 팁

■ 목수팀을 섭외해 세미 셀프 인테리어를 진행할 경우 '철물'에 대한 비용을 어떻게 처리할 것인지 결정하고 공사를 시작해야 한다. 특히, 타카핀(타카라는 목공공구에 들어가는 얇은 못과 같은 자재) 같은 경우, 따로 비용을 드려야 할지 아니면 인건비에 포함되는 것인지 목수분과 확인할 필요가 있다.

■ 목공 공사를 진행하는 동안에는 현장에 상주하는 것이 좋다. 필요한 자재가 많기 때문에 목수분들이 자주 요청하시는 경우가 많다. 목수분들이 목공일을 하는 시간에 나사못을 사러 다닌다면 상당한 인건비 낭비이므로 최대한 빨리 대응해드린다. 유능한 목수분은 자재가 떨어지기 전에 미리 얼마만큼의 자재가 필요한지 계산해 요청하시기도 한다.

목공 본드

■ 가끔 어떤 목수분은 목틀에 석고 보드를 취부할 때, 목공 본드를 바르지 않고 할 때가 있다. 목공 본드를 사다 드리면서 꼭 발라달라고 부탁드리는 것이 좋다. 목틀을 이루고 있는 각재는 자연 건조하면서 조금씩 뒤틀리게 되는데 목공 본드를 바르면 석고 보드가 이를 잡아주기 때문에 덜 뒤틀리게 된다.

5

전기 공사 - 기추&부추

주거 공간에서 세미 셀프 인테리어 공사 시 전기 공사는 대부분 다음 부분을 크게 벗어나지 않는다.

① 전기배선 변경 공사

② 차단기 교체 공사

③ 콘센트, 스위치 교체 공사

사실 주거 공간에서 전기 공사는 그 일량이 많거나 상업 공간처럼 복잡하지 않다. 그렇다 하더라도 전기에 대한 이해가 없이는 매우 위험할 수 있으므로 기술자 시공을 추천한다. 세미 셀프 인테리어 전기 공사의 과정은 다음과 같다.

> 공사 날짜 선정 – 전기 공사 기술자(업체) 섭외 – 전기 공사

전기 공사는 타 공사와 다르게 기술자분이 자재를 보유하고 있는 경우가 많다. 전기 공사의 자재는 부피가 많이 나가지 않는 전선이나 전선배관이 대부분이기 때문이다. 그래서 필자는 전기자재를 따로 구입하지 않고 기술자분에게 함께 맡기는 편이다. 필자가 따로 구입하는 전기자재는 콘센트, 스위치뿐이다.

(1) 전기 배선 변경 공사

세미 셀프 인테리어로 전기 공사를 진행하기 전에 체크해야 할 점은 기존의 집에 더 필요한 배선이 있는지를 확인하는 일이다. 거실 한쪽에 매입 등을 추가하고 싶은데 조명선이 없다거나 화장실 비데용 콘센트가 없다거나 할 때, 우리는 배선 추가 또는 변경 공사를 진행하게 된다. 때에 따라서 원하는 위치에 콘센트를 추가하기 어려운 경우가 있기도 하지만, 불가능한 것은 아니다. 전기배관은 보이지 않는 부분이기 때문에 아무리 복잡하게 얽혀 있어도 기능만 제대로 해주면 그만이다. 다만 비용이 많이 들 뿐이다. 그래서 전기 공사 전에 추가할 부분을 기술자분과 미리 상의하고 너무 무리한 공사는 배제하는 것이 비용을 줄이는 방법이다.

배선 추가 공사 시 간단히 해결되는 경우는 다음과 같다.

> - 주방이 너무 어두워서 바로 옆에 조명을 한 개 더 추가해 함께 켜지도록 하고 싶다.
> - 화장실에 환풍기가 없어서 배선을 추가해 조명과 함께 켜지도록 하고 싶다.

위와 같은 경우는 스위치 1개로 2개의 전열 기구를 컨트롤하는 것이므로 굳이 전선을 스위치까지 새로 배선할 필요가 없다. 이미 연결되어 있는 조명기구의 전선에 새 전선을 연결해서 따오기만 하면 그만이다.

그러나 다음과 같은 경우는 난이도 있는 입선 공사가 필요하다.

> - 거실이 너무 어두운 것 같아 조명을 추가하고 싶은데 기존 조명과 따로 켜지게 하고 싶다.
> - 화장실에 환풍기가 없어서 추가하고 싶은데, 조명과 따로 켜지도록 하고 싶다.
> - 콘센트가 없는 맨 벽에 콘센트를 추가하고 싶다.

전열 기구를 따로 컨트롤하고 싶다는 말은 스위치를 1구에서 2구, 또는 2구에서 3구로 추가하고 싶다는 뜻이다. 이는 스위치에서 연결되는 새로운 배선 추가가 필수다. 특히, 아무것도 없는 벽에 콘센트를 추가할 때는 전선 매입을 위해 라인을 따라 콘크리트벽을 철거해야 할 때도 있다.

　이러한 어려움은 모두 전선 배관을 안 보이는 곳으로 숨기기 위한 것에서 기인한다.

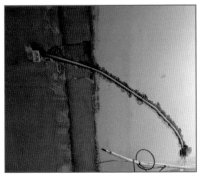

콘센트 신설 예

노출된 시공의 예

만약 전선 배관이 노출되어도 상관없다면 미관상 좋지는 않겠지만, 공사는 더 간편해질 수도 있다.

최근에는 무선으로 컨트롤되는 스위치 컨트롤러가 출시되기도 하지만, 오랜 시간에 걸쳐 검증되지는 않았기 때문에 사용이 조심스럽다. 또한, 상당히 고가라서 불가피한 경우에만 사용할 것을 권유하고 싶다.

(2) 차단기 교체 공사

전기 공사는 안전에 가장 주의를 기울여야 하는 공사 중 하나다. 공사 중의 위험성만 고려해서는 안 되고, 공사 후에 사용 중의 위험성도 고려해야 한다.

설비 공사가 누수 하자에 주의를 기울여야 하는 공사라면 전기 공사는 공사 후 과열이나 화재에 주의를 기울여야 하는 공사이다(필자가 인테리어 공사 중에서 기능적인 중요도와 안전성의 중요도로 순위를 매긴다면 이 두 공사가 인테리어 공사 중 단연 Top2라고 생각한다). 20년 이상된 빌라의 현관 근처에 붙어 있는 분전함을 살펴보면 차단기의 용량이 넉넉하지 않은 경우가 많다. 이럴 경우 메인차단기를 최소 30A 이상으로 교체하고 분기 차단기는 20A로 교체하는 것이 좋다. 특히 3000w가 넘는 전열 기구를 설치해야 하는데, 콘센트용 차단기가 15A인 경우는 20A 이상으로 교체하는 것이 안전하다. 때에 따라 용량이 큰 전열기구를 연결할 때 콘센트를 거치지 않고 입선을 해서 차단기로 바로 연결시키는 경우도 있다. 전선이 감당할 수 있는 전류용량을 초과해버리면 전선 과열로 인한 화재가 발생할 수 있기 때문이다. 콘센트용 전선의 굵기가 4스퀘어 미만인 경우 이러한 위험 확률이 크므로 되도록 4스퀘어 이상으로 시공하여 만약을 대비하는 것이 좋다.

누전 차단기

세미 셀프 인테리어를 진행할 때, 전기 공사를 너무 디테일하게 이해할 필요는 없으며, 전기 공사 시 주의점과 큰 흐름만 이해하면 충분하다.

(3) 콘센트 스위치 교체 공사

전기 공사에서 셀프 시공을 추천하고 싶은 부분은 콘센트와 스위치 교체 공사다. 전기 공사 첫 장에 '부추(부분 셀프 추천)'이라고 표기했던 이유다. 이 부분은 많은 분들이 셀프로 진행하는 부분이다. 그렇다고 쉽게 덤벼들었다간 '펑' 하는 소리와 함께 별을 볼 수도 있으니 주의해야 한다. 2가지 원칙만 잘 지킨다면 위험할 일은 없다.

- 분전함의 차단기를 꺼놓고 시공한다.
- 기존에 꽂혀 있던 전선이 어디인지 잘 기억한다.

스위치 교체를 하건 콘센트 교체를 하건 공사 전에 차단기만 끄고 작업한다면 위험할 일은 없다.

전선을 엉뚱한 곳에 꽂아도 차단기를 내린 상태에서는 스파크가 발생하지 않는다.

교체 작업은 드릴과 작은일자드라이버만 있으면 가능하지만, 무작정 꽂혀 있던 선을 다 빼버리면 기억을 못 할 수 있으므로 전선이 꽂혀 있던 사진을 찍어놓는 것이 좋다. 그래도 자신이 없다면 기존 스위치에 꽂혀 있던 선을 하나씩 차례로 빼서 새로운 스위치에 복사하듯 꽂아 넣는 것을 반복하면 된다.

집 안 전체의 콘센트와 스위치를 교체하는 작업은 체력이 많이 드는 일은 아니지만, 꽤 많은 시간이 소요되는 작업이다. 여러분이 이 작업을 완료했다면 15만 원 이상의 인건비를 절감한 것이다.

\# 전기 공사 시 주의점과 팁

■ 콘센트와 스위치를 교체하는 작업은 도배 작업이 끝난 후에 진행해도 상관은 없다.

■ 전기 배선 공사는 도배 마감이 끝난 후에는 하기 힘든 공사이므로 미리 체크리스트를 작성해 필요한 배선을 뽑아놓는 것이 좋다.

■ 배선 공사를 할 때 기술자분에게 접지선은 꼭 녹색 선으로 해달라고 요청하면 나중에 보수할 일이 발생했을 때 전선이 헷갈리지 않으므로 좋다.

6

타일 공사 - 기추&부추

타일은 넓은 범위에 사용되는 마감재로 그 모양과 색상이 매우 다양하다. 타일을 잘 사용하면 아주 고급스러운 느낌을 줄 수 있기 때문에 호텔이나 리조트 등에서 폭넓게 쓰인다. 타일을 분류할 때는 몇 가지로 나뉘는데 주로 자기질과 도기질로 구분한다.

	용도	강도	흡수율
자기질	바닥용	강함	낮음
도기질	벽용	약함	높음

쉽게 말해, 욕실 바닥은 자기질 타일을 사용하고 벽은 도기질 타일을 사용한다고 보면 된다.

주거 공간에서 타일 공사의 범위는 다음을 크게 벗어나지 않는다.

① 욕실 벽면과 바닥
② 주방 싱크대 벽면(Back splash)과 거실 아트월
③ 베란다 바닥
④ 현관 바닥

세미 셀프 인테리어로 타일 공사를 진행할 때는 공사 전날까지 보통 다음과 같은 과정을 거치게 된다.

공사 날짜 선정 – 자재 물량 산출 – 타일 선정 – 도기, 수전, 액세서리선정 – 타일 기술자 섭외 – 타일 주문 – 도기, 수전, 액세서리 주문 – 공사 전날까지 자재 양중

타일 공사를 위와 같이 진행하기 위해서는 타일과 부자재의 물량 산출을 어느 정도 할 수 있어야 하는데, 이는 크게 걱정할 필요가 없다. 보통 타일자재상에 욕실 면적을 알려드리고 여쭤보면 알아서 해당 타일을 얼마나 주문하면 좋을지 알려준다. 만약 세미 셀프 인테리어로 욕실 공사를 진행하기가 부담된다면 요즘은 욕실 공사만 따로 하는 욕실전문업체도 많이 있기 때문에 이러한 업체에 욕실 공사를 함께 맡기면 인테리어업체에 맡기는 것보다 비용을 절감할 수 있다.

욕실 공사의 비용 차이

세미 셀프 인테리어 〈 욕실 전문 업체 〈 인테리어 업체

(1) 욕실 타일 공사

욕실 타일 공사의 큰 흐름은 다음과 같다.

벽 타일 공사 – 바닥 타일 공사 – 돔천장 공사 – 조명 및 도기류 공사

세미 셀프 인테리어로 욕실 타일을 시공할 때는 아래 2가지 시공방법 중 한 가지를 선택하게 되는데, 2가지 방법은 장단점이 확연히 구분되기 때문에 기호에 따라 시공 방법을 선택할 수 있다.

	떠붙이기	덧붙이기(덧방)
시공법	철거 공사 때 기존 타일을 모두 철거한 후, 새로운 타일에 시멘트 반죽을 떠붙여서 시공한다.	기존 타일 위에 새로운 타일을 붙여 시공한다.
장점	철거 후 완벽 방수 공사 가능. 기호에 맞게 구성 변경이 용이	철거 공사 비용 절감 시공이 비교적 간편
단점	철거 공사 비용 증가 기술자 인건비 증가	욕실의 폭이 미세하게 좁아짐. 방수보완이 용이하지 않음.

떠붙이기는 기존의 붙어 있던 노후된 타일을 모두 철거한 후, 새로운 타일을 붙이는 방법이다. 기존 타일을 철거하게 되면 건물의 맨살에 해당하는 콘크리트벽 또는 조적벽이 나타나게 되는데 시멘트와 모래가 섞인 반죽을 새로운 타일 위에 떠 올린 후 콘크리트 벽면 위에 붙이게 되므로, 현장 용어로 떠붙이기라고 이름이 붙여졌다. 욕실 바닥을 철거 후에는 액체방수 공사를 시행하므로 만에 하나 하부 방수층이 노후화되었더라도 깔끔하게 보완할 수가 있다. 또한, 욕실 배관을 제외한 모든 부분을 철거하므로 다음과 같이 새롭게 욕실 구성을 할 때 용이하다.

> 욕조를 철거하고 샤워부스를 만드는 작업
> 벽 매립 수납 선반을 만드는 작업
> 배관 위치를 많이 변경하는 작업

반면에 철거 공사 비용이 증가하게 되고 타일 떠붙이기의 난이도가 높기 때문에 타일 기술자의 인건비도 증가하게 되는 단점이 있다. 바닥 방수 후에는 모래와 시멘트를 섞은 몰탈을 사용해 미세한 각도로 바닥 구배를 잡아주는 작업을 하게 되는데, 꽤 기술력이 필요한 작업이다.

덧붙이기(덧방)는 말 그대로 기존의 타일 면 위에 새로운 타일을 붙여 시공하는 방식이다. 욕실 벽면은 타일 본드를 펴 바른 후, 새로운 타일을 붙이고 바닥은 압착 시멘트를 펴 바르고 새 타일을 붙인다. 욕실 바닥 방수층에 특별히 이상이 없다면 선호하는 방식이다. 덧붙이기의 가장 큰 장점은 바로 시공의 간편함에 있다. 떠붙이기에 비해 부자재의 종류나 양이 적게 들어가며, 큰 철거 공사가 필요치 않기 때문에 철거 공사 비용도 제법 절감된다. 다만 시공 후의 욕실 폭이 15~20mm 정도 좁아진다는 단점이 있기 때문에 조금이라도 좁아지는 것을 싫어하시는 분은 덧붙이기를 선호하지 않을 수 있다.

혹자는 덧붙이기 방식이 편법이라고 하는 분들도 있다. 하지만 '덧붙이기'는 실내건축 시방서에 나오는 정식 시공 방법이기 때문에 편법적인 시공 방법이 아니다. '세라픽스'라는 수없이 팔리는 유명한 타일본드도 주로 '덧붙이기'를 위해 많이 쓰이는 타일 부자재이다. 그러나 만약 이미 덧붙이기가 되어 있는 타일 위에 또 덧붙이기를 해야 한다면 한 번 깊이 생각할 필요가 있다. 낮은 확률이지만, 타일 무게로 인한 기존 부착면의 탈락 우려도 있고 욕실도 꽤 좁아지기 때문에 그리 추천하지 않는다.

욕실 한 칸 공사를 기준으로 타일 떠붙이기와 덧붙이기 공사 비용이 어느 정도 차이가 나는지 예를 들어보자.

	자재	가격	떠붙이기 시 소요 자재량		덧붙이기 시 소요 자재량	
			개수	비용	개수	비용
부자재	모래	3,000원/포	25포	75,000원	–	–
	시멘트	6,000원/포	5포	30,000원	–	–
	압착시멘트	6,000원/포	–	–	2포	12,000원
	백시멘트	6,000원/포	2포	12,000원	2포	12,000원
	타일본드	20,000원/통	–	–	3통	60,000원
타일	바닥타일	35,000원/박스	4박스	140,000원	4박스	140,000원
	벽타일	35,000원/박스	11박스	385,000원	11박스	385,000원
합 계				642,000원		609,000원

	구분	떠붙이기	덧붙이기
인건비	철거 공사	400,000원	90,000원
	자재 양중비	100,000원	50,000원
	타일인건비	400,000원	300,000원
합 계		900,000원	440,000원

*위 내용 중 비용은 대략적인 것이며 실제와 다를 수 있음.
*도기 공사(변기, 세면대, 수전, 액세서리)를 제외한 순수 타일 공사 기준임.
*양중비: 자재를 공사 장소로 옮기는 비용

표를 보면 알 수 있듯이 같은 평수의 욕실 기준으로 자재 비용은 별로 차이가 나지 않지만, 인건비 차이가 꽤 발생하는 것을 알 수 있다. 특히 떠붙이기 시 필요한 부자재는 생각보다 양이 많기 때문에 양중 비용도 많이 발생할 수 있음을 알고 있어야 한다.

욕실 타일 공사가 끝나면 바로 욕실 천장 공사를 진행한다. 요즘은 점검구가 달려 있는 일체형 SMC 천장을 많이 사용하는데, 이는 대개 타일기술자가 시공하지 않는다. 주로 욕실 천장만 시공하는 기술자분이

시공을 도맡아 한다. 당연히 타일 공사 다음 날쯤 일정을 미리 잡아놓아
야 한다.

욕실 일체형 천장

타일 공사 부분에서 필자가 '부추(부분 셀프 시공 추천)'이라고 표현한 부
분은 바로 도기류, 수전, 액세서리 등의 세팅 공사 때문이다. 이 부분은
약간의 손기술이 필요하지만 해머링 기능이 있는 드릴과 몽키, 망치만
있으면 시공은 가능하다. 본래 도기&액세서리 세팅만 전문으로 하는 기
술자분이 존재하긴 하지만, 시간적 여유가 있다면 한번 셀프로 도전해
볼 만하다. 도기 세팅을 셀프로 할 수 있다면 15~20만 원에 해당하는
인건비를 절감할 수 있다.

참고로 필자는 좀더 깔끔한 도기 세팅을 위해 기술자분에게 맡기는
편이다.

(2) 주방 싱크대 벽면(back splash)과 거실 아트월 타일 공사

욕실에서 기술자 한 분이 타일 작업을 하고 있다면 또 다른 한 분은 싱크대 벽면과 거실 아트월 작업을 하고 있을 확률이 높다. 공사 순서는 다음과 같다.

> 레벨보고 체크하기 – 라인에 맞춰 타일 붙이기

싱크대 벽면과 거실아트월 타일 공사의 생명은 바로 레벨이 맞는지 체크하는 것이다. 특히 거실아트월과 같이 면적이 넓은 부분은 더욱 그러하다. 타일 기술자분과 목수분들이 레이져 레벨기를 갖고 다니시는 이유도 그 때문이다.

싱크대 벽면은 요리로 인한 기름때, 설거지로 인한 물때 등으로 오염되기 쉬운 부분이므로 내오염성이 강한 자재인 타일로 시공을 많이 한다. 싱크대 벽면 타일을 시공하기 전에는 이미 싱크대의 플랜이 완성된 상태여야 한다. 싱크대의 설계가 완료되어 있어야만 어디서부터 어디까지 타일을 붙여야 하는지 알 수 있기 때문이다. 만약 기존 싱크대가 있던 자리에 같은 구성과 크기로 새로운 싱크대가 계획된다면 상관없지만, 새로운 싱크대의 길이가 길어지거나 짧아질 경우에는 타일 시공 면적을 반드시 체크해야 한다. 그렇지 않으면 싱크대를 설치했을 때, 타일이 채워지지 않은 부분이 눈에 띄기 때문에 보기 좋지 않다.

거실 벽면에 시공하는 타일은 대부분 대형타일이므로 타일용 본드를 사용할 때 부착력이 강한 석재용 에폭시 본드를 쓰기도 한다. 타일 시공 전에 벽면에 붙어 있는 인터폰, 콘센트, 스위치 등을 미리 탈거해 놓는다면 시간을 절약할 수 있다.

(3) 베란다 바닥과 현관 바닥 타일 공사

베란다 바닥 타일 공사 역시 욕실 바닥과 마찬가지로 철거 후 시공하는 방법을 택했다면, 기본 방수 공사를 한 후 진행하는 것이 좋다. 반면 현관 바닥은 방수 공사까지는 하지 않는다. 타일 공사 중 가장 마지막에 하는 공사가 현관 바닥 공사다. 선행 공사를 하는 동안 작업자들이 현관으로 드나드는 일이 많기 때문이다. 마지막으로 현관 공사를 끝냈다면 현관 타일 위에 합판을 깔아놓아 양생 중에 모르고 밟게 되는 만약의 사태에 대비한다.

타일 공사 시 주의점과 팁

■ 타일 공사 전에 문틀이 설치될 때는 욕실 안쪽에서 바라보았을 때 앞으로 15~20mm 정도 돌출되어 있는 것이 좋다(덧붙이기 기준). 보통 벽 타일의 두께가 8~10mm이고 타일 본드의 두께를 3~5mm 정도 인데, 타일을 붙인 후에 문틀이 타일보다 4~5mm 앞으로 돌출되어야 그 모서리를 실리콘으로 깔끔히 마감하기가 좋기 때문이다.

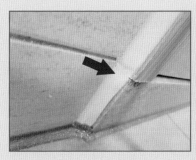 

욕실 문틀과 타일이 만나는 부분

■ 만약 반대로 문틀이 타일보다 들어가게 되는 상황이라면 문틀 주위로 코너비드를 돌려 마감하는 것이 미관상 좋다.

■ 타일 벽면이 꺾이는 모서리 부위는 코너비드를 사용함으로써 생활하는 중에 모서리가 파괴되는 것을 방지할 수 있다.

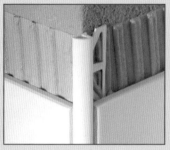

타일 코너비드

■ 욕실 타일 공사 시 시멘트 벽돌로 조적 선반(젠다이)을 만든 후, 세면대를 시공하면 크게 2가지의 편리함이 있다. 첫째, 욕실용품을 얹어 놓을 수 있다. 둘째, 세면대 위에 장이 있을 경우 세면대의 위치가 벽으로부터 이격되므로 고개를 숙여도 머리가 장에 닿지 않는다.

조적 선반(젠다이)

■ 타일 줄눈의 색을 선택할 때 진한 색으로 하면 줄눈 오염이 눈에 띄지 않아 청소 횟수를 줄일 수 있다.

■ 만약 주방이나 거실 같은 난방이 되는 바닥에 타일을 깔 때는 압착시멘트가 아닌 드라이픽스(온돌용)라는 부자재를 사용해야 나중에 하자의 위험이 없다.

■ 타일 공사를 세미 셀프 인테리어로 진행하기 어려울 것 같다고 생각하신다면 욕실 전문 업체에 맡기는 것도 좋은 방법이다. 비용은 좀 더 들지만, 시간과 노력을 많이 절약할 수 있기 때문이다.

7

페인트 공사 – 셀추

페인트 공사는 최종 마감이 되는 공사로서 셀프 작업으로 많이 하는 공사다. 수입 페인트가 들어오면서 자재와 방법이 다양해졌다. 하지만 페인트의 시공 방법을 제대로 아는 사람은 많지 않다. 단순히 붓을 페인트에 찍어 칠하면 된다고 생각하는 사람이 대부분이다.

페인트 공사를 셀프로 진행해보신 분은 두 번 다시 셀프로 페인트 공사를 도전하지 않을지도 모른다. 왜일까. 답은 간단하다. 생각했던 것보다 어렵기 때문이다. 종종 '그까짓 페인트 공사하는 데 왜 기술자를 쓰냐'고 하시는 분들이 있다. 이런 분들은 손수 페인팅 공사를 안 해보셨을 확률이 높다. 페인트 공사가 힘든 이유는 바로 바탕 작업(밑작업) 때문이다.

세미 셀프 인테리어에서 페인트 공사 준비 과정은 다음과 같다.

공사 날짜 선정 – 페인팅할 부위 선정 – 자재 물량 산출 – 기술자 섭외 – 자재 주문 – 공사 전날까지 자재 준비

페인트 공사를 셀프로 진행하기 위해 필요한 자재를 살펴보자.

페인트, 붓, 롤러, 마스킹테이프, 커버링 테이프, 퍼티, 헤라, 샌딩페이퍼(사포)

이 중에서 페인트, 붓, 롤러만 제외하고 모든 것들이 밑작업을 위한 자재이다.

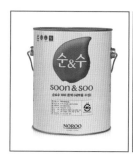

수성 페인트/ 에나멜 페인트/ 우레탄 페인트

밑작업은 기존 바탕면의 상태에 따라 다르지만 대체적으로 다음과 같은 순서로 진행된다.

> 퍼티작업-샌딩작업-2차퍼티작업-샌딩작업-마스킹테이프&커버링테이프작업

페인트칠에 소요되는 시간보다 밑작업에 소요되는 시간이 더 많은 이유이다. 이 작업을 마치고 나서야 비로소 페인트작업이 시작된다.

페인트는 베이스가 되는 원료가 무엇인가에 따라 수성 페인트, 유성 페인트로 나뉘며 유성 페인트는 다시 에나멜, 락카, 우레탄, 에폭시 등으로 나누어진다. 유성 페인트는 희석시키기 위한 용제가 각각 존재하는데, 이 용제의 냄새가 민원을 발생시키는 데 많은 기여(?)를 한다.

이 중 주거 공간에 주로 쓰이는 페인트는 수성 페인트와 에나멜 페인트다.

수성 페인트와 에나멜 페인트는 많은 장단점이 존재하는데, 상황에 따라 적절한 페인트를 사용하면 된다.

	장점	단점
수성 페인트	물로 희석이 가능 굳기 전 물걸레로 제거 가능	내구성이 약함 부착력이 비교적 떨어짐.
유성 페인트	부착력과 내구성이 강함.	신나 냄새가 많이 남. 오염 시 제거가 어려움.

요즘 출시되는 수성 페인트는 품질이 개선된 제품이 많이 출시되어 특별한 케이스가 아니라면 주거 공간 페인팅은 거의 수성으로 하고 있는 추세다.

셀프 인테리어 공사에 페인트 공사를 하는 부위는 다음과 같다.

문짝&문틀, 몰딩&걸레받이, 베란다 벽면, 현관문 안쪽

몰딩과 걸레받이가 나무 재질일 경우는 바로 본칠(정벌 작업)을 하면 되지만, 표면이 PVC 필름인 경우에는 젯소나 프라이머(초벌 작업)를 바르고 본칠을 진행하는 것이 좋다. 수성 페인트는 부착력이 비교적 약해서 바로 PVC 필름 위에 바를 경우에 페인팅이 탈락될 수 있기 때문이다. 보통 몰딩과 걸레받이를 교체하지 않고 페인팅 리폼을 하는 경우라면

마스킹테이프 작업

도배 공사의 유무에 따라 작업이 늘어날 수 있다. 페인트 작업 후에 도배 공사를 새로 해야 한다면 마스킹테이프 작업을 할 필요가 없으므로 편하게 페인팅하면 된다. 그러나 반대로 도배 공사를 새로 하지 않는다면 도배지에 페인트가 묻지 않도록 모두 마스킹테이프로 작업한다.

셀프 공사를 할 때 몰딩과 걸레받이를 시공하기 위한 순서를 알아보자.

① 몰딩에 예전에 공사하면서 묻은 마른풀이 있는지 확인하고 있다면 닦아낸다.
② 도배 공사의 유무에 따라 마스킹테이프로 몰딩과 걸레받이의 경계 부분을 부착한다.
③ 몰딩과 걸레받이 표면 재질에 따라 젯소를 바르거나 바로 본칠을 진행한다.
④ 본칠을 1회 완료했다면 완전 건조 후, 2회칠을 진행한다(은폐력에 따라 3회까지 진행).
⑤ 마스킹테이프를 제거한다.

문짝과 문틀을 페인팅할 때는 어떻게 해야 할까?

문짝과 문틀을 페인팅할 때는 샌딩페이퍼로 기존의 표면을 갈아준다. 문짝은 몰딩과 걸레받이와는 달리 눈에 쉽게 띄는 곳으로 마감의 평활도가 좋아야 하는데 샌딩페이퍼가 그 역할을 한다. 샌딩 작업은 오염

물질을 제거해주기도 하며, 표면을 거칠게 만들어 페인트의 부착력을 높여주기도 한다.

문짝을 칠할 때는 달려 있는 경첩을 빼서 문짝을 분리한 후에 하는 것이 시공하기 편리하고, 그렇지 않을 거라면 경첩에 페인트가 묻지 않도록 모두 마스킹테이프로 붙여야 한다.

① 문짝을 문틀에서 분리해놓는다.
② 샌딩페이퍼로 문짝과 문틀을 샌딩한다.
③ 표면 재질에 따라 젯소 또는 본칠을 시작한다.
④ 1회 페인팅이 완료되면 건조 후 2회칠을 시작한다(은폐성에 따라 3 회까지 진행).
⑤ 완전 건조 후 문짝을 다시 설치한다.

물을 쓰는 베란다나 다용도실의 벽면은 일반 수성 페인트로 칠하면 곰팡이가 생기기 쉬우므로, 결로 방지 페인트를 사용해 칠을 하는 것이 좋다.

아파트의 현관문은 보통 금속 재질의 방화문이다. 금속 재질 위에 수성 페인트를 칠하게 되면 쉽게 녹이 슬고 탈락되기 쉬우므로 에나멜 페인트로 시공하면 내구성을 높일 수 있다.

페인트 공사 시 주의점과 팁

■ 페인트를 구입할 때는 기본 색상 이외에도 다양한 색상표를 보고 원하는 색으로 조색한 후 구입이 가능하다.

■ 현관 페인팅을 할 때는 유광보다는 반광이나 무광을 선택하면 매트하고 고급스러운 느낌을 줄 수 있다.

■ 롤러로 페인트를 칠할 때는 수성용 롤러와 유성용 롤러를 구분해 사용하도록 한다. 수성용은 롤러의 털이 길고 유성용은 털이 짧다.

■ 베란다나 다용도실을 칠할 때는 일반 페인트로 시공을 하기도 하지만 탄성코트라는 내오염성이 강한 페인트를 기계 뿜칠로 시공하기도 한다. 이는 보통 탄성코트만 전문으로 하는 업체에 의뢰하게 되는데 베란다 개수에 따라 비용이 달라진다.

■ 페인트 위에 페인트를 칠해야 할 경우에 만약 새로 칠하는 페인트가 락카 페인트라면 기존 바탕 면의 페인트가 에나멜 페인트인지 확인해야 한다. 에나멜 페인트 위에 락카 페인트를 칠하게 되면 에나멜 페인트가 녹아버리게 되면서 칠이 엉기게 된다.

8

필름 공사 - 기추

필름 공사는 시공의 편의성과 관리의 용이성 때문에 페인트 공사를 대신해서 많이 진행하는 공사다. 보통 처음 인테리어를 계획할 때 페인트로 마감할지 인테리어 필름으로 마감할지 고민하게 되므로 기호에 따라 선택하여 진행한다. 인테리어 필름 공사는 페인트에 비해 시공에 필요한 자재의 종류 수가 적고 오염이 되어도 닦아내기가 쉽다. 그러나 필름을 시공하는 부위에 따라 전문 기술력을 요하기 때문에 기추(기술자 추천)라고 표기했다. 만약 평평한 싱크대 문짝과 같은 부위라면 셀프 시공이 가능하겠지만, 이마저도 쉽지 않을 수 있으므로 재시공을 원치 않는다면 시공법을 잘 살펴봐야 한다.

필름 마감이 페인트 마감보다 좋은 점이 있다면 다양한 표면 질감을 연출할 수 있다는 점이다. 필름 종류에 따라 나무 무늬뿐만 아니라 가죽이나 대리석 느낌의 표현이 가능하기 때문이다.

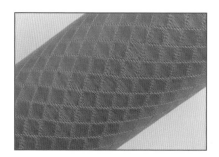 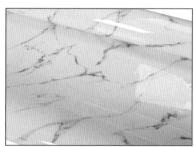

다양한 필름 종류

세미 셀프 인테리어에서 필름 공사의 준비 과정은 다음과 같다.

공사 날짜 선정 – 필름 공사할 부위 선정 – 자재 물량 산출 – 기술자
섭외 – 자재 구입

필름 자재는 폭 1.2m에 길이 30m 정도 되는 라미네이트 필름이 롤
로 말려 있기 때문에 시공 후 남은 자재의 재고 관리 특성상 기술자분에
게 자재까지 일괄로 맡기는 편이다. 만약 자재를 따로 구입하고 싶다면
필름대리점을 찾아가서 구입하거나 온라인쇼핑몰에서 구입한다.

주거공간에서 필름 공사를 주로 하는 부위는 페인트와 거의 같다.

평평한 민자 싱크대 문짝을 인테리어 필름으로 셀프 작업하는 순서
를 예로 들어보자.

① 싱크대 문짝을 분리한 후 경첩을 떼어낸다.
② 표면에 인테리어 필름 전용 프라이머를 붓으로 바른 후, 건조
시킨다.
③ 사이즈에 맞게 필름을 재단한 후 하나씩 붙여나간다.

필름 시공 전에 프라이머를 바르는 목적은 접착력을 증가시켜 하자
발생의 확률을 줄이는 데 있다.

필름 공사 시 주의점과 팁

■ 필름은 종류가 매우 다양하고 가격도 천차만별이기 때문에 사
전에 필름 가격이 어느 정도인지 파악할 필요가 있다. 디자인이나 질
감에 따라 단가가 2~3배 이상 차이가 나기도 한다.

■ 필름용 프라이머는 유성과 수성이 있는데 민원을 줄이기 위해
서 되도록 수성을 사용하도록 기술자를 독려하는 것이 좋다. 유성은 냄
새가 제법 강하지만 휘발성이 강해서 건조 속도가 빠른 장점이 있다.

■ 싱크대 하부장은 물이 자주 닿는 곳이기 때문에 1~2년 안에
필름이 뜨기 쉽다. 그러므로 필름의 이음새마다 실리콘을 얇게 충진해
주는 것이 좋다.

9

바닥재 공사 - 기초

바닥재는 우리가 흔히 알고 있는 장판, 마루 등을 일컫는다. 바닥재로 쓰이는 자재는 장판, 마루뿐만 아니라 PVC 타일, 폴리싱 타일, 코르크, 에폭시 등도 있지만 그 빈도가 높지 않다. 주거공간에서 바닥재의 시공 부위는 욕실과 베란다를 제외한 거의 모든 곳이다. 세미 셀프 인테리어에서 바닥재 공사의 준비 과정은 단순하다.

> **공사 날짜 선정 – 자재 물량 산출 – 바닥재 대리점에 자재 주문**

장판이나 마루는 대리점에서 자재만을 구입할 수도 있지만, 셀프 시공의 빈도가 높지 않기 때문에 자재 가격에 시공비를 포함시킨 단가로 판매가 된다. 따라서 물량 산출 후 필요량을 주문하면 대리점을 통해 기술자분이 파견되므로 따로 기술자 섭외가 필요가 없다.

또한, 자재가 남더라도 반품이 가능하다. 장판은 실제 소요된 장판의 양을 체크해 비용을 청구하기 때문에 합리적이며 마루 역시 뜯지 않은 박스는 반품할 수 있다.

예전에 필자는 장판 시공을 얕잡아 보고 셀프로 시공을 진행했다가 큰코를 다친 경험이 있다.

간과했던 첫 번째는 요소는 무게였다. 출하되는 장판 1롤은 폭1.8m 길이 35m 정도의 양이다. 이는 85kg 남짓한 무게로, 들기가 매우 어렵다. 두 번째 문제는 코너에서의 재단 문제였다. 나름대로 잘 꺾어서 직선으로 칼질을 했다고 생각해 재단을 해보면 비스듬하게 잘려 있거나 파도가 치듯이 일정치 못하게 잘려 있었다. 재단에 기술이 필요하다는 것을 인지하지 못했던 것이다. 어찌어찌 완성했지만, 날이 저물어 있었고 다음 날 몸이 아파 일정을 진행할 수가 없었다.

이 사건 역시 '직접 해보지 않고 그 일을 판단하지 않는다'라는 필자의 철칙을 확고히 하는 계기가 되었다.

만약 셀프로 장판 공사를 원할 경우 사전 시공학습을 반드시 하시길 바란다. '장판 나라'(https://blog.naver.com/isheet)라는 총판대리점에서 운영하는 블로그와 맞춤 인테리어가 가능한 '하우스텝'(http://blog.2nddobae.com/)의 블로그를 보면 장판 시공에 필요한 컨텐츠가 잘 정리되어 있다.

장판의 종류	특징
페트 장판	두께가 얇고 가격이 저렴하다. '막장판'이라고도 불리우는데 열에 의한 수축 팽창이 심해서 이음매를 겹침시공하기 때문에 모양새가 좋지 않다. 주로 창고바닥이나 저렴한 임대용 바닥재로 사용한다. 난방 되는 바닥에 시공 시 환경호르몬이 나올 수 있다.
모노륨	두께가 1.8~6mm로 다양하고 그에 따른 가격 차이가 있다. 수축 팽창이 거의 없어 이음매를 밀착 시공하기 때문에 미관상 보기 좋으며 표면이 자연스러워서 가장 많이 쓰이는 장판이다. 두께가 4.5mm 이상부터는 강화마루보다 비싼 가격을 형성하기도 한다.

장판의 종류

페트 장판/모노륨 장판

마루의 종류	특징
강화 마루	나무가루를 압축시킨 HDF라는 재료 위에 강도 높은 라미네이트 코팅을 한 마루다. 본드 시공을 하지 않고 퍼즐처럼 맞추는 식으로 시공하는데 지면과 살짝 떠 있으므로 열전도율이 떨어진다. 표면 강도가 우수해 스크래치에 강하지만 무늬의 자연스러운 표현에 한계가 있다. 마루 중 가장 저렴하다.
온돌 마루, 강마루	합판 위에 무늬목을 입힌 후 코팅한 제품이다. 강마루는 온돌 마루의 단점인 표면 강도를 높인 제품이다. 본드로 부착시공을 한다. 강화 마루에 비해 표면무늬가 자연스럽다. 가장 많이 사용되는 마루 종류다.
원목 마루	원목층이 4~10mm로 두꺼운 마루다. 본드 부착 시공을 한다. 스크래치에 취약한 표면 강도를 갖고 있지만, 원목과 같은 자연스러움을 느낄 수 있어 고급바닥재에 속한다. 마루 가격 상위 10%는 거의 원목 마루다.

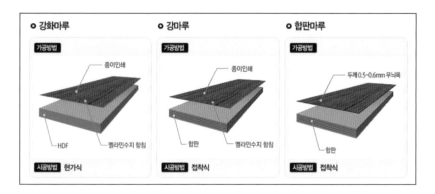

마루의 종류

바닥재 공사 시 주의점과 팁

■ 바닥재를 시공하는 날은 현장에 모든 물건은 베란다로 빼놓는 것이 좋다. 물건이 많이 있을 경우, 추가 비용을 요구하거나 공사를 진행하지 못하는 경우도 있다.

■ 바닥재 시공을 할 때 걸레받이 비용이 부담스럽다면 '굽도리'라는 PVC 재질로 된 접착식 걸레받이로 시공할 수도 있다. 일반 커터칼로 쉽게 재단이 가능하다. 다만 굽도리는 도배 시공 후에 하는 것이 좋다.

■ 마루 시공 시, 헤링본 패턴이나 레트로 트레인 패턴 같은 경우는 시공 방법과 마루 단가도 다르므로, 공사 의뢰 전 비용을 확인해야 한다. 일반적으로 단가가 높다.

■ 거실은 마루를 시공하고 방은 장판을 시공하는 등 두께가 다른 자재를 함께 사용할 경우 두자재가 만나는 부분은 프로파일이나 재표 분리대를 대어 단차가 나는 부분을 깔끔하게 마감하는 것이 좋다.

10

도배 공사 - 기추

벽지에 풀을 쒀서 대충 펴 바른 다음, 벽에 붙이는 주먹구구식의 도배라면 옛날에 한 번씩 해본 경험이 있을 것이다. 그리고 누군가는 그마저도 힘들어서 다음 날 앓아누웠던 기억도 갖고 있을 것이다. 실제로 도배 공사는 예상보다 섬세하고 힘든 작업이다. 필자는 밖으로 보여지는 공사 중 도배 공사에 가장 정성을 기울인다. 가장 넓은 면적을 차지하는 최종 마감 공사이기 때문이다. 그에 비해 공사 비용은 타 공사에 비해 그리 크지 않다. 이는 도배 공사에 쓰이는 벽지가 비교적 저렴한 종이 재질의 자재이기 때문이다. 그러나 수입 벽지와 같은 고급 벽지를 사용하게 되면 그 액수는 몇 배씩 증가하기도 한다.

세미 셀프 인테리어에서 도배 공사의 준비 과정은 다음과 같다.

> 공사 날짜 선정 – 벽지 물량 산출 – 기술자 섭외 – 자재 주문–공사
> 전날까지 벽지 준비

벽지 같은 경우, 인테리어 필름과 다르게 롤당 4.5~5평을 바를 수 있는 양으로 낱개 포장되어 있다. 그래서 공사 후 롤이 남더라도 반품이 쉽다. 세미 셀프 인테리어일 경우 벽지는 벽지 대리점에 주문하고 부자재도 부자재업체에 따로 주문한 후 도배기술자분께 의뢰하여 진행하기도 하지만 대부분 부자재는 기술자분께 일괄로 맡겨 진행하는 경우가 많다.

도배에 사용되는 벽지의 종류는 주로 합지벽지와 실크 벽지로 나뉜다.

	합지 벽지	실크 벽지
장점	가격이 저렴하다. 시공비가 저렴하다.	바탕면의 평활도가 높다. 오염이 되어도 닦아낼 수 있다.
단점	바탕면이 비교적 고르지 못하다. 쉽게 오염이 된다.	가격이 합지벽지에 비해 비싸다. 시공비가 비교적 많이 든다.

합지 벽지와 실크 벽지는 표면의 재질이 다르다. 합지 벽지는 좀 더 빳빳한 우리가 흔히 쓰는 일반 종이에 가까운 느낌이고 실크 벽지는 PVC 코팅이 되어있어 좀 더 묵직하고 야들야들한 느낌이다. 그렇기 때문에 쉽게 오염을 닦아낼 수 있는 실크 벽지가 당연히 가격이 더 비싸다.

하지만 실크 벽지의 공사비가 더 비싼 것은 벽지보다 인건비에 더 큰 요인이 있다.

	합지 벽지 시공 시	실크 벽지 시공 시
이음매 처리	벽지와 벽지를 살짝 겹쳐서 시공한다.	벽지와 벽지의 이음매를 한치 오차없이 맞대어 도배용 롤러로 꼼꼼히 밀어서 이음매가 최대한 보이지 않도록 한다.

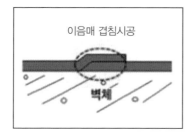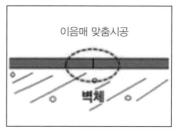

합지 벽지 시공/실크 벽지 시공

실크 도배는 이음매를 맞추는 데 많은 시간을 투자하는 편이다. 이음매 처리에 대한 시공 방법이 다르지 않다면 합지 벽지와 실크 벽지의 시공비는 큰 차이가 없었을 것이다. 실크 벽지는 애초에 고급 도배 공사를 위한 벽지이기 때문에 아주 잘 시공된 실크 도배 공사는 페인트와 구분하기 쉽지 않을 정도다.

\# 도배 공사 시 주의점과 팁

■ 일반적인 합지벽지나 실크 벽지는 1롤당 5평에 해당하는 벽 면적을 도배 가능하다. 천장도 마찬가지이므로 만약 벽지 소요량을 구하고 싶다면 도배할 면적을 계산한 후 5평으로 나누면 간편하게 할 수 있다.

■ 도배 부자재 중 부직포, 초배지, 도배풀, 도배본드 등은 도배사분께 부탁드리는 것이 좋지만 가끔 쓰이는 수성 실리콘은 도배사분들이 잘 가지고 다니지 않으므로 몇 개 구비해놓는 것이 좋다.

■ 도배 공사도 기존 벽면이 좋지 않을 경우 퍼티작업과 같은 바탕작업을 필요로 한다. 특히, 창호를 교체한 후 틈 사이에 충진하는 우레탄폼을 잘라낸 뒤에는 다공질의 우레탄폼을 평평하게 메꾸기 위한 퍼티작업이 필수적으로 필요하다.

11

설치 가구 공사 - 기초

세미 셀프 인테리어 공사에서 설치 가구 공사는 모든 공정 중 완벽한 외주에 해당하는 공사라고 할 수 있다. 가끔 목공 공사에서 원목으로 붙박이장을 짜기도 하지만, 일반적이지는 않다. 그러므로 당연히 전문 기술자가 설치해야 한다. 가구업체에는 한샘, 에넥스, 리바트 같은 유명 브랜드도 있지만, 소형 가구 공장을 소유하고 영업을 하는 업체들도 있다. 이를 일명 '사제'라고 하는데 유명 브랜드 제품보다 가격이 많이 저렴해 임대용 가구 공사를 할 때 많이 거래한다. 하지만 요즘은 사제 가구의 품질이 많이 좋아져서 사실 브랜드 가구업체와 제품 자체의 품질 차이는 거의 나지 않는다. 설치 가구의 브랜드 제품과 사제 제품의 차이를 알아보자.

	장점	단점
브랜드 제품	A/S조건이 좋다. 품질이 어느 정도 보장된다.	규격이 있어 디테일한 맞춤이 불가능하거나 많은 추가비용이 발생한다. 가격이 비싸다.
사제 제품	디테일한 맞춤이 비교적 자유롭다. 가격이 저렴하다.	A/S가 비교적 부족하다.

거주공간에 필요한 설치 가구 공사는 대략 다음과 같다.

① 싱크대 공사

② 붙박이장 공사

③ 신발장 공사

④ 베란다 창고 공사

이 중 싱크대 공사 같은 경우는 싱크대 벽면(백스플래시)에 타일 공사의 범위를 미리 알아야 하기 때문에 타일 공사 전에 어느 정도의 사이즈로 공사될 것인지 레이아웃이 미리 결정되어 있어야 한다.

설치 가구 공사는 상황에 따라 도배 공사나 바닥재 공사와 시공 순서가 바뀌기도 한다.

설치 가구 공사 시 주의점과 팁

■ 바닥재 공사가 완료된 상황에서는 가구 공사중 스크래치가 발생할 수도 있다. 그러므로 사전에 바닥 보양 작업 후 공사해달라고 요청하는 것이 좋다.

■ 신발장을 공사할 때 가능한 한 바닥에서 일정 간격 띄우는 부상 시공을 하면 좋다. 신발장 하부에 자주 신는 신발을 정리해놓을 수 있기 때문이다.

■ 물청소를 자주하는 베란다라면 베란다 창고 공사 시에 바닥에서 살짝 띄워서 시공하는 것이 좋다. 자재 특성상 물에 오랫동안 노출되면 상할 수 있기 때문이다.

12

조명 공사 - 셀추

조명 공사는 엄밀히 따지면 전기 공사에 포함되는 공정이지만, 공사 순서가 후반부로 독립되어 있고 셀프로 시공이 가능한 부분이기 때문에 따로 분류했다. 현장에 조명들이 도착해 있다면 인테리어 공사의 마무리 단계에 이르렀음을 나타낸다. 기존의 낡은 조명은 철거 공사 또는 도배 공사에서 철거가 되었기 때문에 배선만 나와 있는 상태일 것이다.

거주공간의 조명 공사 부분은 매우 다양한데, 일반적으로는 다음과 같다.

위치	부위
각방	각방 메인등
	창가 쪽 보조등
거실	거실 메인등
	복도등
	간접등 또는 스팟 조명
주방	주방 메인등
	식탁 펜던트등
욕실	욕실등
현관	센서등

방이 정사각형 형태라면 메인등만으로 조도를 확보할 수 있지만, 직사각형인 경우에는 창가 쪽에 보조등을 추가 설치하면 좋다. 주방 조명 중 펜던트등은 주방의 포인트가 되는 조명으로 보통 식탁의 중앙쯤 위치하는 것이 가장 보기가 좋다. 그러기 위해서는 식탁 사이즈를 예상해 배선을 뽑아놓아야 한다.

요즘은 LED 조명기구가 많이 보편화되면서 가격이 예전보다 많이 저렴해졌다. 심지어 일반 FPL 전구를 사용하는 조명이 더 비싸지는 현상이 종종 발생하기도 한다. 만약 오랫동안 장기간으로 사용할 계획이라면 LED 조명을 사용하는 것이 좋다.

셀프로 조명 시공을 하는 단계는 다음과 같다.

브라켓 설치-전선을 조명 본체 커넥터에 연결-커버 씌움

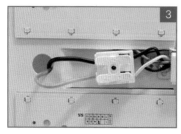

조명 설치 순서 (출처 : 공간조명)

조명 공사 시 주의점과 팁

전선 커넥터

■ 천장 배선과 조명의 연결은 가능한 한 커넥터로 하는 것이 좋다. 절연테이프로 연결할 경우, 나중에 수리할 때 불편을 감수해야 한다.

■ 조명 공사는 셀프로 많이 공사하므로 그 시공 방법에 대한 콘텐츠도 많이 존재한다. 아래 사이트에서는 영상으로 조명 시공의 방법을 학습할 수 있다.

비츠 조명 유튜브 채널

https://www.youtube.com watch?v=2ClJWy3Yg7w

공간 조명

http://www.9s.co.kr/

13

마무리 공사 – 부추

마무리 공사는 실리콘 공사가 많은 부분을 차지하며 페인트 보수 공사, 스크래치 보수 공사, 타일줄눈 보충 공사, 입주 청소 등의 기존 공사의 부족한 부분을 보수하는 공사도 포함된다. 이 중 실리콘 공사는 실리콘 건과 마스킹테이프만 있으면 셀프로 시공이 가능하므로 손에 조금 익으면 굳이 전문 기술자를 부를 필요가 없다. 하지만 나머지 보수 공사는 때에 따라 기술자분에게 요청해야 할 수도 있다.

공사를 마무리할 때, 실리콘 공사를 해야 할 부분은 보통 다음과 같다.

① **걸레받이와 바닥재가 만나는 부분**

② **욕실 벽면 타일과 문틀이 만나는 부분**

③ 거실아트월과 다른 재료가 만나는 부분

④ 욕실 욕조 테두리& 타일 벽의 코너 부분

이 중 욕조테두리와 타일 벽 코너 부분은 욕실 천장 공사를 할 때 부탁드리면 무료로 해주신다. 실리콘을 처음부터 깔끔하게 잘 쏘는 사람은 없다. 마스킹테이프를 사용해 몇 번 해보면서 감을 익혀야 한다. 실리콘 공사를 할 때 순서를 살펴보자.

① 실링을 원하는 부위 양옆으로 마스킹테이프를 미리 붙여놓는다.

② 실리콘캡을 45도 각도로 비스듬히 커팅한다.

③ 실리콘 입구를 자른 후 커팅한 실리콘캡을 돌려 끼운다.

④ 실리콘을 실리콘건에 장착한다.

⑤ 실링할 부분에 대고 실리콘건을 진행 방향으로 30~45도 정도 기울여 일정한 강도로 충진한다.

⑥ 실리콘헤라나 손가락으로 일정 강도로 누르며 닦아내듯 밀어나간다.

⑦ 마스킹테이프를 제거한다.

이와 같은 순서대로 하다 보면 실리콘캡을 어느 정도 크기로 커팅해야 하는지, 실리콘건을 어느 정도의 강도로 눌러야 하는지 등에 대해 나름대로의 노하우가 생기게 된다.

실리콘시공 참고영상 [제임스본드 유튜브채널]
https://www.youtube.com/watch?v=jod45H9sOlc

입주 청소는 셀프로 하기에 노동력이 매우 많이 소모된다. 이는 일반 가사 일과는 많이 다르다. 공사 중 생긴 구석구석의 먼지를 닦아내야 하기 때문에 그 노동의 강도가 상당히 높다. 평당 1만 원 정도의 가격이라면 업체에 맡기는 것이 좋다. 노동력을 대신할 만한 값어치를 충분히 한다.

마무리 공사 시 주의점과 팁

실리콘의 종류가 몇 가지 있으므로 용도에 맞게 구입해야 한다.

실리콘 종류	용도
유성실리콘 (비초산실리콘)	가장 많이 쓰이는 다목적 실리콘. 다양한 색상이 있다.
수성실리콘	도배등 접착이 가능한 곳에 쓰이는 실리콘. 완전 건조된 실리콘 위에 본드나 페인팅이 가능하다.
바이오실리콘	항균 효과가 있는 실리콘. 곰팡이가 잘 생기는 욕실이나 싱크대에 주로 쓰인다.

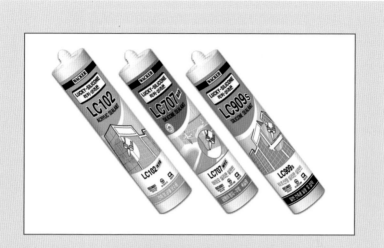

수성실리콘/바이오실리콘/유성실리콘

1

세미 셀프 인테리어를 위한 시뮬레이션

앞에서 살펴본 세미 셀프 인테리어 공정을 쭉 살펴보신 분들 중 다음과 같은 생각이 드는 분이 상당할 것이라고 생각한다.

'무슨 말인지 모르겠어요. 와닿지 않아요.'

'그래서 어떻게 하라는 것인지 모르겠어요.'

당연한 현상이다. 사실 어떠한 분야의 내용이든 간에 그것을 글로 아무리 잘 정리한다 해도 직접 실행해보지 않는 이상은 우리의 뇌 속에 체계가 잡히지 않기 때문이다. 필자는 이러한 현상 때문에 실제로 세미 셀프 인테리어를 진행하는 것처럼 상황을 시뮬레이션해보려 한다. 각 공정에 대한 예를 드는 것에서 그치는 것이 아니라 전체 공정을 잡고 그 공정들이 어떠한 식으로 연결되는지를 대화 형식의 소설처럼 엮어보았다. 자, 그럼 실제 상황이라고 생각하고 세미 셀프 인테리어가 어떠한 식으로 진행되는지 살펴보자.

영수와 그의 아내 선희 씨는 최근에 내 집 마련을 위해 수도권에서 24평 아파트를 찾다가 우연히 급매물을 발견했다. 매매가는 3억 5,000만 원 정도였는데, 방도 3개고 평면도 마음에 들어서 가계약을 했다. 한 가지 문제는 아파트가 20년이 다 되어가다 보니 내부가 너무 낡았다는 것이었다. 영수는 선희 씨와 상의하고 전체 공사를 진행하기로 마음을 먹고 본 계약을 진행했다. 매매대금이 1억 5,000만 원 정도 부족했지만, 운 좋게 부동산 사무실에서 좋은 조건으로 대출할 수 있는 곳을 소개받아 잔금을 지급하기로 했다.

계약하는 날 다시 한번 양해를 구하고 집을 꼼꼼히 살펴보았는데, 거실은 이미 확장되어 있어서 확장 공사는 필요가 없어 보였다.

선희 : 여보. 전체 공사를 해야 할 것 같은데 샤시(창호)도 해야 할까요. 어디서 듣기로는 샤시가 굉장히 비싸다고 하던데…. 형편도 넉넉하지 못한데 샤시까지는 부담될 것 같기도 하고….

영수 : 글쎄… 나도 샤시를 바꾸지 않으면 영 태가 나지 않을 것 같아서 고민이오. 이것 봐요. 외창은 알루미늄 창이지만 방에 붙어 있는 내창은 나무로 만든 목창이잖소. 내가 아는 분 중에 샤시 쪽 일을 하시는 분이 있어서 물어보니 목창호는 많이 춥다고 하더군요. 일단 치수를 재어보고 샤시 대리점에 가서 견적이나 받아봅시다.

영수 부부는 그날 양해를 구하고 계약한 집을 방문해 체크 리스트에 기록해두었던 실측할 부분의 치수를 모두 재기 시작했다. 그리고 사진을 찍어놓는 것을 잊지 않았다.

방문해서 실측할 부분	샤시 가로와 세로
	문틀 가로와 세로
	화장실 크기
	싱크대 타일 벽면의 대략적인 길이

영수의 실측 체크 리스트

체크할 부분의 사진을 찍고 치수를 잰 후, 인사를 하고 아파트를 빠져나온 영수 부부는 그날 바로 창호 대리점을 찾아가기 위해 차에 올랐다.

선희 : 여보. 그런데 실측할 때 싱크대나 방 크기는 왜 안 쟀어요?

영수 : 아. 내가 이번에 인테리어 공정순서를 공부해봤는데요. 먼저 진행되는 공사인 샤시 공사, 타일 공사, 목공 공사에 해당되는 부분의 자재를 미리 주문하기 위해서 그 부분만 먼저 잰 것이고, 나머지는 철거 공사 시작 후에 해도 늦지 않아요. 그렇다고 사람이 살고 있는데 죽치고 앉아서 모든 치수를 다 잴 수는 없지 않소. 갓난아기도 있는 것 같던데….

선희 : 맞아요. 그렇긴 하네요.

영수는 미리 친구로부터 추천받았던 창호 대리점에 도착했다.

영수 : 안녕하세요. 샤시 견적 좀 여쭤보러 왔습니다. 저희가 실측을 해왔습니다.

창호 담당자 : 아. 그러시군요. 이렇게 직접 실측을 해오시면 저희가 굳이 실측 날짜를 잡을 필요가 없어서 견적을 빨리 진행할 수 있습니다. 잘하셨어요.

영수 : 실측에 오차가 있을 수도 있는데… 괜찮을까요? 시공에 문제가 생길까 봐요….

영수가 소심한 모습을 보이자 담당자가 말했다.

창호담당자 : 걱정하지 마세요. 가견적 보시고 계약을 하시면 공사를 위한 세부 실측을 위해 어차피 한 번 더 방문할 것입니다.

창호 담당자는 쇼룸에 진열되어있는 창호들을 보여주면서 창호의 종류에 대해 간단히 설명을 이어나갔다.

창호 담당자 : 아파트에 사용되는 창호는 대부분 이러한 pvc 창호를 많이 사용합니다. 유리 두께는 22mm, 24mm 중 선택하실 수 있고 창틀의 색상도 선택하실 수 있습니다. 색상이 없는 하얀색의

기본 창틀 같은 경우는 단가가 좀 저렴해집니다.

영수 : 유리 두께는 두꺼울수록 비싸지나요? 얼마나 차이가 나나요?

창호 담당자 : 큰 차이는 나지 않지만, 전체 견적의 4~5% 정도 차이가 날 수 있습니다. 정확한 것은 견적을 산출해봐야 알 것 같습니다.

선희 : 그렇다면 혹시 22mm와 24mm 2가지로 견적을 내주실 수 있을까요? 그리고 저희는 어차피 창틀을 화이트로 할 것이라서 굳이 색이 들어간 래핑 창틀로 할 필요가 없을 것 같아요.

창호 담당자 : 네. 알겠습니다. 잠시만 기다려주세요.

잠시 후 창호 담당자가 가져온 견적서는 다음과 같았다.

모델	가격	비고
22mm페어유리 하이샤시-무래핑	4,320,000원	시공비, 방충망 포함
24mm페어유리 하이샤시-무래핑	4,512,000원	시공비, 방충망 포함

창호 담당자 : 시공비는 포함이며 기존 창호 철거비는 층수에 따라 별도로 20~30만 원 정도입니다.

영수 : 아. 그럼 저금액에 철거비를 더하면 공사 금액이겠군요. 그런데 22mm일 때와 24mm일 때 견적 차이가 생각보다 크지 않네요?

창호 담당자 : 네. 맞습니다. 페어 유리는 유리가 2겹이 들어가는데 저희 제품의 22mm 페어 유리일 경우 5mm 유리+12mm간봉(공기

층)+5mm 유리로 이루어지고 24mm 페어 유리는 5mm 유리+14mm 간봉(공기층)+5mm 유리로 이루어지거든요. 실제 유리 두께 차이는 없고 간봉 층의 두께 차이뿐이라, 가격이 큰 차이가 없습니다.

영수 : 그렇군요. 여보. 견적이 큰 차이가 없는데 24mm 창으로 하는 것이 어때요?

선희 : 좋아요. 대신 철거비까지 460만 원에 해주시면 안 될까요?

창호 담당자 : (잠시 생각) 네. 알겠습니다.

영수 부부는 창호 공사를 할지 말지 언제 고민했냐는 사람들처럼 창호 발주 계약을 했다. 막상 쇼룸에서 창호를 보니 너무 깔끔하고 예뻐서 당연히 해야겠다고 생각한 것이다.

창호 담당자 : 혹시 샤시 공사 날짜를 결정하셨나요? 언제 시공할까요?

영수 : 아 참. 아직 공사 날짜를 못 정했습니다.

창호 담당자 : 샤시 공사는 보통 제일 먼저 진행되도 됩니다.

영수: 네? 그런가요? 저는 철거 공사가 먼저 들어가는 줄 알았는데요?

창호 담당자 : 혹시 창가 쪽 베란다 타일 철거를 하시나요?

영수 : 아니요. 그렇지는 않습니다. 확장 공사가 되어 있어서 거실에 베란다가 없어요. 주방 다용도실이 있긴 한데 어차피 타일 덧붙

이기를 하려 합니다.

창호 담당자 : 샤시 공사 후에 베란다 타일 철거 공사를 할 경우에 철거 공사로 인해 샤시에 스크래치가 날 수 있어서 여쭤본 것이었는데, 그런 것이 아니라면 샤시 공사가 먼저 들어가도 아무 상관이 없습니다.

영수는 인테리어 공사를 위한 공정 순서를 정리해야겠다고 생각했다.

영수 : 제가 공사 시작 날짜를 결정하는 대로 연락을 드리겠습니다.

창호 담당자 : 네. 알겠습니다.

영수 부부는 집에 돌아와서 머리를 맞대고 상의해보았다. 영수 친구가 셀프 인테리어를 했는데 제법 많은 돈을 절약했다고 들어서 방법을 알려달라고 했더니 공정 순서에 대한 조언을 해주었던 것이었다.

영수 : 여보. 일단 공정 순서를 한번 정리해봅시다. 공사 시작 날짜부터 정해야 할 것 같소.

선희: 잔금 치르는 다음 날부터 바로 시작하는 게 좋을 것 같아요.

영수 : 그럽시다.

선희 : 처음에 뭐부터 해야 할지 모르겠어요.

영수 : 철거 공사부터 준비해야 할 것 같아요. 내가 듣기로는 철거

공사&샤시 공사-설비 공사-전기 공사-목공 공사-타일 공사-도장(페인트)&필름 공사-바닥재 공사-도배 공사-가구 공사-조명 공사로 진행된다고 들었어요. 그런데 공사별로 며칠씩 소요되는지 알기가 어려우니 일단 하나하나 견적을 내거나 기술자를 섭외하면서 알아봅시다. 먼저 우리가 철거해야 할 부분을 정리해봅시다.

영수 부부는 미리 찍어놓았던 사진을 참고하면서 철거해야 할 부분을 하나씩 체크해보았다.

영수 : 문짝, 문틀, 샤시, 싱크대, 신발장, 원래 있던 장판, 몰딩, 걸레받이, 욕실…. 가만, 욕실 타일 철거를 어떤 식으로 하는 게 좋겠소?

선희 : 전에 살던 분이 화장실을 한 번도 공사하지 않은 것 같긴 한데 관리가 잘되어 있더라고요. 굳이 타일까지 철거하지 말고 변기, 세면대 같은 것이랑 욕조를 철거하고 샤워 파티션을 놓는 게 좋을 것 같아요. 아, 욕실 천장도 철거하고요.

영수 : 그래요. 지난번에 주인한테 물어보니 욕실에서 아랫집으로 물이 샌 적은 없다고 하더군요. 혹시나 해서 아랫집에 한 번 들러서 양해를 구하고 살펴봤는데 새지 않는 것을 확인했소. 방수층이 아직 튼튼한 것 같아요. 이거 벌써 철거비 30만 원 이상 줄였는걸?

선희 : 호호호…. 그런가요. 아, 문짝 문틀을 새것으로 교체하면 비

용이 많이 들지 않을까요.

영수 : 아. 내가 알아보니. 문짝 문틀을 리폼하는 것이 비용이 좀 절약되기는 하지만 내가 예상했던 만큼 큰 차이는 나지 않더군요. 우리 소유의 첫 집인데 문만큼은 새것으로 합시다.

선희 : 네. 그래요. 아! 그리고 몰딩이랑 걸레받이는 저희가 직접 철거하는 게 어때요?

영수 : 오케이. 좋아.

영수 부부는 친구가 소개해준 철거업체에 연락해서 견적을 받았다. 철거 견적서에는 다음과 같이 적혀 있었다.

문짝, 문틀 철거 4개 소 : 25만 원 (문지방 철거 포함)

싱크대 철거 : 10만 원

신발장 철거 : 5만 원

장판 철거 : 5만 원

몰딩, 걸레받이 철거: 15만 원

욕실 도기류 및 천장 철거 : 15만 원

───────────────

합계 : 75만 원

*위 철거 공사는 반나절이면 다 끝납니다.

*혹시 설비하실 것은 없나요? 있으시면 연락해주세요.

수기로 쓰여 있는 견적서였지만 정성 들여 작성한 모습에 신뢰가 갔다. 설비일까지 같이 진행하는 업체라서 나중에 필요한 사항이 있으면 추가하기로 했다. 창호 철거는 창호 대리점에 한꺼번에 맡겼기 때문에 제외했다.

영수 부부는 철거 공사 다음 날에 창호 공사를 하기로 결정한 뒤, 창호 대리점에 연락해서 공사 날짜를 알려줬다.

영수 : 자. 이제 철거랑 샤시 일정 준비는 끝났으니 타일 공사를 생각해 봅시다. 타일이 어느 곳에 필요하지?

선희 : 욕실 바닥, 욕실 벽, 싱크대 벽, 다용도실 바닥 정도요? 아, 현관도요.

영수 : 흠…. 욕실 면적이 1평 반 정도 되고 욕실 높이가 2.2m 정도 되는 것 같으니 그에 맞춰 타일량을 계산해서 주문해야 할 것 같소. 싱크대 벽타일은 싱크대 사이즈가 나와야 알 수 있는데…

선희 : 싱크대 크기는 지금 있는 것에서 크게 변할 것 같지 않아요. 그냥 조금 넉넉히 주문하면 될 것 같아요. 왜냐면 타일은 로스 비율이 높아서 필요량보다 20% 정도 더 주문해야 한다고 하더라고요.

영수 : 그렇군. 그럼 필요면적 계산해서 타일 자재상에 가서 문의하면 될 것 같고…. 기술자분은 어디서 섭외한담?

선희 : 타일 자재상에 문의해서 안 되면 제가 아는 인테리어 기술자 모임 카페가 있으니 거기에 문의해도 될 것 같아요.

영수 : 그럽시다. 그럼 타일 공사는 그렇게 진행하고…. 내 생각에 전기 공사는 조명 교체랑 콘센트, 스위치 교체 정도밖에 없는 것 같아서 내가 직접 해도 될 것 같은데 당신 생각은 어때요? 차단기도 확인해보니 용량이 넉넉해서 교체할 필요 없겠던데….

선희 : 욕실에 비데용 콘센트가 없어서 추가로 공사해야 할 것 같아요. 주방에도요.

영수 : 그래? 그럼 욕실 타일 공사 하기 전에 콘센트 배선 공사를 미리 해야 할 것 같은데?

선희 : 돈이 좀 들더라도 그건 해야 해요.

영수 부부가 기술자에게 부탁해야 할 전기 공사는 콘센트 신설 공사 말고는 없었다.

영수 : 다음은… 목공 공사. 흠, 문짝, 문틀, 몰딩, 걸레받이 말고 목공 공사로 할 부분이 있을까나?

선희 : 작은방 한쪽 벽면이 곰팡이가 좀 있는 것 같아서 그쪽 벽면만 새로 단열공사를 하면 좋을 것 같아요. 아. 그리고 베란다 한쪽 벽은 곰팡이가 너무 심해서 그곳도 대책을 세워야 해요.

영수 : 좋소. 그런데 우리가 목공 자재는 뭐가 필요한지 파악하기 어려우니 인테리어 기술자 모임 카페에서 활동하는 목수분들께 필요한 자재를 여쭤보는 게 어떻겠소?

선희 : 좋은 방법이에요. 전문가에게 물어보는 것만큼 확실한 것은 없죠.

영수는 목공 공사를 할 내용과 질문을 카페에 올렸다.

안녕하세요. 아파트 실내 목공 공사를 직영으로 진행하려 합니다. 아파트 24평형인데
…(중략)….
공사 부분은 문짝, 문틀 설치, 집 전체 몰딩&걸레받이 교체, 단열 공사 벽면 2개 정도입니다.
그리고 벽 면적이 OOm² 정도 되는데 자재가 얼마나 필요할지 여쭙고 싶습니다.

그러자 몇 시간 뒤 쪽지가 몇 개 도착했다. 그중 매우 친절한 답변이 있었다.

실내 공사만 전문으로 하는 목수팀입니다.
말씀하신 부분의 공사는 3명이 하루에 끝낼 수 있을 것 같습니다.
보통 목수분들이 자재 산출을 해주지 않아요. 나중에 자재가 부족하니, 남니 하는 책임 소재 때문에요. 근데 여기 단열공사는 들어가는 자

재가 많지 않으니 알려드릴게요.

제가 현장을 가보지 않아 확실히는 모르겠지만 단열 공사를 위해 필요한 자재가 다루끼 각재 1단(12개 묶음), 석고보드 6~7장, 아이소핑크 5장 정도 들어갈 것 같습니다.

그리고 문짝 교체 공사 할 때 문선 몰딩도 같이 구입하셔야 깔끔하게 마감됩니다.

필요하시면 연락해주세요.

영수는 쪽지를 보고 감동의 눈물을 흘릴 뻔 했다. 그리고 그분과 공사 날짜를 잡았다.

영수 : 여보. 목공 공사까지 계획을 다 잡았소. 그런데 우리집에 필름이나 페인트 공사할 부분이 있어요?

선희 : 페인트 공사는 현관문 말고는 특별히 없고요. 필름 공사도 필요 없을 것 같아요. 그리고 현관문 페인팅은 제가 직접 할게요. 이번에 XXXX 페인트에서 좋은 금속용 페인트가 새로 나왔더라구요.

영수 : 그래요. 알겠어요. 바닥은 장판으로 하는 게 좋겠지요?

선희 : 네. 제가 생각해놓은 디자인이 있어요. 장판 대리점가서 샘플보고 결정하면 될 것 같아요. 아니면 전화로 문의해도 되고요.

영수 : 그럼 도배는요? 벽지도 알아본 것이 있어요?

선희 : 있기는 한데 아직 결정을 못 했어요. 도배랑 가구는 공사 시작하고 결정해도 될 것 같아요. 현장을 안 가봐서 느낌을 모르겠어요.

영수 : 그럽시다. 욕실에 들어가는 세면대 변기류도 일단 현장보고 모델을 결정합시다.

영수 부부는 선행되는 몇몇 공사의 공정계획을 잡고 나머지는 공사가 시작하는 날 현장을 보고 결정하기로 했다. 시공 범위를 결정한 영수 부부는 다음 날, 자재 주문을 해보기로 했다.

영수 : 이제 목자재랑 타일만 주문해놓으면 급한 것은 끝날 것 같소.

선희 : 설치 가구 주문은요? 출고가 꽤 걸리기 때문에 미리 주문해야 한다던데….

영수 : 당신 말대로 원래는 공사 전에 주문하면 좋지만, 우리는 선행공사 기간이 길기 때문에 서두를 필요 없을 것 같아요. 그리고 싱크대는 가구 영업사원이 어차피 현장을 보고 견적을 내야 하니 철거공사 당일 날 실측을 의뢰합시다. 내가 알아보기로는 주문하면 출고까지 4~5일 정도 걸린다더군요. 당신이 오늘 가구대리점에 전화해서 영업사원이랑 철거 공사 날에 실측 약속 좀 잡아줘요.

영수는 미리 알아본 정보를 선희 씨에게 설명했다. 그러고는 인터넷에서 가장 목자재가 저렴하다고 소문이 난 자재상에 연락했다.

영수 : 여보세요. 안녕하세요. 제가 개인인데 목자재 발주를 하려고 하는데요.

목자재상 : 네. 그런데 저희는 워낙 출고건이 많아서 필요한 자재를 팩스로 넣어주셔야 해요. 그러면 저희가 내역서를 보내드려요.

영수: 네. 알겠습니다.

영수는 자재상의 홈페이지에서 자재명과 사진을 확인하면서 필요한 물품을 작성해서 팩스로 보냈다. 그리고 얼마 뒤 문자 메시지로 목자재 내역서가 도착했다.

목자재 내역서			
주소 : ○○시 ○○구 ○○동 ○○아파트 ○○동 ○○호			
종류	단가(원)	수량	가격(원)
각재-다루기(1단) 길이: 3600	16,500	1	16,500
아이소핑크30T	6,800	5	34,000
석고보드900x1800	2,800	7	19,600
천장몰딩 4전	2,000	28	56,000
걸레받이 9전	2,500	30	75,000
문선몰딩	3,000	10	30,000
목공본드	2,500	3	7,500
실리콘	2,500	3	7,500
운송비	1톤트럭 – 수도권	1	25,000
합계			271,000원

영수는 목자재 견적서를 꼼꼼히 살펴보다가 문제점을 발견했다. 각재의 길이가 3600이면 3.6m인데 엘리베이터에 들어가지 않을 것 같았기 때문이다. 영수는 자재상에 다시 연락했다.

영수 : 다루끼(각재)가 엘리베이터에 안 들어갈 것 같은데 어떻게 하죠?

목자재상 : 커팅비만 추가하면 커팅해서 배송해드려요. 보통 2400에서 커팅해드리는데 커팅해드릴까요?

영수 : 아, 네. 그런데 커팅하고 남은 1200mm짜리 목재도 같이 오나요?

목자재상 : 네, 같이 보내드려요.

이튿날 영수 부부는 타일자재상에 갔다. 그리고 담당자에게 공사 할 부분의 면적을 알려드리고 자재 견적을 받았다. 부자재는 무엇이 들어가는지 알고 있어서 함께 요청했다. 타일자재상에서는 타일 부자재를 함께 취급하기 때문이다. 영수는 타일자재상에서 견적서를 받아보았다.

자재 내역서

주소 : ○○시 ○○구 ○○동 ○○아파트 ○○동 ○○호

종류	수량	단가(원)	가격(원)
욕실 벽 타일 300x600	11박스	23,000	253,000
욕실 바닥 타일 300x300	3박스	21,000	63,000
베란다 타일 100x300	6박스	28,000	168,000
주방 타일 100x200	6박스	30,000	180,000
현관 타일 200x200	2박스	25,000	50,000
타일 본드 20kg	4통	20,000	80,000
압착 시멘트 20kg	3포	6,000	18,000
홈멘트	3개	2,500	7,500
코너비드	2개	2,000	4,000
유가	1개	5,000	5,000
배송비	1톤 – 수도권	45,000	45,000
합계			873,500원

영수 : 저… 죄송하지만, 타일 옆에 써 있는 300x600이라는 것이 무슨 뜻인가요?

타일 담당자 : 아. 손님께서 고르신 타일 크기를 말하는 것입니다.

영수부부 : (입을 모아 합창하듯) 아~

영수 : 혹시 여기서 타일 기술자분 연결이 가능할까요?

타일 담당자 : 저희가 중간 소개 역할은 하지 않습니다. 지역에서 가까운 분으로 섭외하시는 게 좋을 것 같습니다.

영수 : 네 감사합니다. 그러면 이렇게 주문을 부탁드립니다. 도착 날짜는 타일공사 전날이니까… XX일 날 해주십시오.

타일 담당자 : 네. 알겠습니다.

영수부부는 타일주문을 하고 자재상을 빠져 나와 오랜만에 함께 점심을 먹으며 이야기를 나눴다.

선희 : 제가 아는 친구가 추천해줬던 타일 기술자가 있어요. 한번 물어볼게요.

선희 씨는 친구에게 전화를 걸어 타일 기술자분 연락처를 알아내 전화통화를 하고 해당 날짜에 공사가 가능한지 물었다.

선희 : 안녕하세요⋯(중략)⋯. 그래서 욕실 1칸 덧방이고, 다용도실 1칸, 주방 벽, 현관 바닥 할 예정이에요. XX일 날 공사 가능할까요?

타일 기술자 : 가능할 것 같소. 기술자 2명이랑 데모도 1명 해야 할 것 같은데⋯.

선희 : 데모도가 뭐예요?

타일 기술자 : 아. 데모도는 기술자를 거들어주는 사람을 말하는 거요. 일본말이에요.

선희 : 제가 데모도 하면 안 되나요?

타일 기술자 : 허허허⋯. 시멘트 비빌 수 있겠어요? 그라인더질은 잘하오? 줄눈 넣는 것은? 데모도도 준기술자예요. 아마 일반인은

하루 하고 앓아누울 거요.

영수 : (옆에서 작은 목소리로) 여보. 타일 일은 그냥 기술자분이 시키는 대로 합시다.

선희 : (끄덕이며) 알겠습니다. 그럼 XX일 날 잘 부탁드립니다. 자재 는 저희가 전날 준비해놓을게요.

선희 씨는 타일 기술자분과 통화를 마치고 영수에게 쏘아붙였다.

선희 : 당신은 왜 기술자분이 시키는 대로만 하려고 해요?!

영수 : 아니. 그게 아니라. 내가 사실은 작년에 타일 일 배워볼까 하 고 주말에 아르바이트로 타일 데모도를 해본 적이 있어요…. 그런데 그게 일반인이 하려면 좀 숙련이 필요하겠더라고요. 먼지도 엄청나 고 위험하기도 하고 무엇보다 남자인 나도 너무 힘이 들었소. 그래서 그런 말을 한 거요.

선희 : 그게 그 정도로 힘들어요?

영수 : 못 믿겠으면 타일 공사 날 현장에 가봐요. 그럼 답이 나오겠 지요. 할 만한 것인지 아닌지….

영수는 셀프 인테리어 공사를 하면 부부가 많이 싸운다는 소리를 익 히 들어서 싸움으로 치닫지 않기 위해 노력했다. 어쨌든 영수 부부는 타 일 공사 계획을 모두 마쳤다. 영수는 타일 자재까지 주문을 마치고 소파에 앉았다. 이제 한숨 돌려도 될 것만 같았다.

영수는 지금까지의 일정을 정리해보았다.

일차	1일	2일	3일	4일	5일	6일
공정	철거 공사, 창호 공사	전기 공사 (콘센트1개소신설)	목공 공사	타일 공사	욕실 도기류 설치	콘센트, 스위치 교체, 현관페인트
일차	7일	8일	9일	10일	11일	12일
공정	바닥재 공사	도배 공사	가구 공사	조명 공사	마무리 공사	

그런데 곰곰이 생각해보니 전기 공사를 할 부분이 콘센트 신설뿐이라 창호 공사와 동시에 진행해도 될 것 같았다. 그리고 욕실 도기류 시공이 오전 내에 공사가 끝날 것 같았다. 그래서 셀프로 하기로 한 콘센트, 스위치 교체 공사와 현관 페인트 공사를 도기류 설치하는 날 오후로 잡았다.

일차	1일	2일	3일	4일	5일	6일
공정	철거 공사, 샤시공사, 전기공사	목공 공사	타일 공사	욕실 도기류 설치, 콘센트, 스위치 교체, 현관 페인트	바닥재 공사	도배 공사
일차	7일	8일	9일	10일	11일	12일
공정	가구 공사	조명 공사	마무리 공사			

이처럼 공정표를 수정했더니 2일의 시간을 벌 수 있었다.

어느덧 공사 시작일이 일주일 앞으로 다가왔다. 영수는 컴퓨터 앞에 앉아 공사안내문을 만들고 있었다.

선희 : 여보. 뭐를 그렇게 열심히 만들어요?

영수 : 어. 공사 시작하기 전에 공사안내문을 만드는 것이 좋다고 들어서 몇 장 출력해서 관리사무소에 찾아가보려고 해요.

영수는 미리 입주할 아파트단지 관리사무소에 찾아가서 공사 신고를 하고 관리사무소로부터 지정된 곳에 안내문을 붙이도록 요청받았다. 그리고 해당 동 입주민의 동의서를 50% 이상 받아서 제출하라고 들었다. 영수는 1층 게시판과 엘리베이터 안에 공사 안내문을 붙이고 맨 위층부터 한 층씩 내려오면서 공사동의서를 받기 시작했다. 그런데 워낙 부재중인 세대가 많아 40% 정도밖에 동의를 받지 못해 저녁에 다시 와야 할 것 같았다.

영수 : 휴~ 동의서 받는 것도 만만치가 않네… 공사동의서 대행업체도 있다고 하던데…. 그래도 20만 원 이상 절약했다고 생각하자.

영수는 결국 저녁에 다시 방문해 동의서를 80% 이상 받아 관리사무소에 제출했다. 집으로 돌아가는 차 안에서 영수는 생각했다.

영수 : 아. 엘리베이터 보양은 어떻게 하지…(고뇌) 아… 장판!

영수는 철거 공사 날에 깔려 있던 장판으로 엘리베이터 보양을 해결해야겠다고 생각했다.

한편 선희 씨는 설치 가구를 유명 브랜드 제품으로 해야 할지 사제품으로 해야 할지 고민을 하고 있었다. 처음에 유명 브랜드 제품으로 하려다가 견적이 너무 많이 나와 포기하고 결국 2군 브랜드에 의뢰했는데 비용도 훨씬 더 저렴하고 A/S도 잘되는 것 같아 그곳에 진행하기로 했다.

공사 1일차

철거 공사 당일, 아침 일찍부터 영수의 전화벨이 울렸다.

영수 : 여보세요.

철거팀 : 안녕하세요. 오늘 오후에도 일정이 있어서 좀 일찍 나왔습니다. 혹시 비밀번호 좀 알 수 있을까요. 장비 좀 올려놓으려고요.

영수 : 지금 7시 반인데, 8시 반에 오신다더니 일찍 오셨네요. 비밀번호는 XXXX입니다. 제가 30분 안에 가겠습니다.

철거팀 : 천천히 오셔도 됩니다. 어차피 시끄러운 철거는 9시 이전에는 안 합니다. 소음 없는 부분부터 철거하고 있겠습니다. 여기 벽에 적어놓으신 부분 맞나요?

영수 : 아, 네. 맞습니다.

영수는 철거일 전날 만약을 대비해서 철거해야 할 부분의 리스트를 벽에 적어놓고 왔는데 그렇게 하길 잘했다고 생각했다.

수고하십니다. 철거 요청드리는 부분입니다.

– 문짝, 문틀, 문지방 철거
– 싱크대 철거
– 신발장 철거
– 장판 철거 : 장판으로 엘리베이터 바닥 보양 요망
– 욕실 욕조, 변기, 세면대, 욕실 천장 철거

영수가 전날 벽에 적어놓은 문구

30여 분 뒤, 영수가 아파트 1층에 도착하자 철거 기술자 한 분이 장판철거를 이미 완료한 뒤 엘리베이터 바닥 보양을 하고 계셨다.

영수 : 안녕하세요. 수고하십니다. 혹시 철거 팀장님 위에 계신가요?

철거 기술자1 : (웃음) 네. 위에서 9시 되기만을 딱 기다리고 계실 겁니다.

영수는 현장에서 철거 팀장님을 만나 인사를 나누고 철거 부분에 관한 간단한 브리핑을 했다. 그저 철거할 부분에 대한 특이사항이 없는지 다시 한번 확인하는 것이었다.

철거팀장 : 혹시 설비일은 추가로 하실 것 없으신가요.

영수 : 아. 싱크대 수전 배관을 아래로 내리는 작업을 해야 해요.

철거팀장 : 저희한테 하시면 8만 원에 조절 밸브까지 달아드리겠습니다.

영수는 설비 기술자를 따로 부를 필요 없이 철거팀에 설비 공사까지 맡기기로 했다.

영수 : 팀장님. 문지방 철거한 자리에 시멘트 미장까지 잘 마감해주시는 거죠?

철거팀장 : 당연하죠.

영수 : 팀장님. 부탁 하나 드려도 될까요. 제가 사실 엊그제 몰딩이랑 걸레받이를 철거해봤는데 처리하기가 곤란해서요…. 돈을 좀 더 드릴 테니 폐기물 트럭에 같이 실어주실 수 있을까요.

철거팀장 : (잠시 생각하다가) 알겠습니다.

영수는 직접 셀프로 철거해놓은 몰딩과 걸레받이의 처리가 곤란해 철거팀장과 협의해 폐기물처리 비용으로 2만 원을 더 드리기로 했다. 직접 폐기물을 처리하려면 폐기물 봉투를 사서 일일이 잘라 넣어야 하기 때문에 돈이 좀 들더라도 철거팀에게 부탁한 것이다.

한편, 그 시각 선희 씨는 1층에서 설치 가구 영업사원과 이야기를 나누고 있었다. 이미 실측은 끝낸 상태였는데, 현장에 먼지가 너무 많이 나서 밖으로 나와 있었다.

가구 영업 사원 : 사모님, 싱크대는 이 모델을 주력으로…(중략)…. 붙박이장이 필요하실 경우에는 구성을…(중략)…. 하시면 됩니다.
선희 : 그렇군요. 그러면 싱크대와 붙박이장 구성은 그렇게 하고 신발장은 바닥에서 띄우는 부상시공으로 부탁드려요. 시공 날짜는 XX일에 해야 해요.
가구 영업 사원 : 네. 알겠습니다. 그럼. 그때 뵙겠습니다.

선희 씨가 가구 상담을 마쳤을 때 이미 철거 공사가 잘 마무리되어 있었고 영수는 철거가 잘 되었는지 현장을 확인하고 있었다. 그리고는 철거팀에게 약속했던 비용을 계좌로 입금하고 내역을 수첩에 기록했다.

철거팀이 마무리하고 장비를 정리 중에 창호 철거팀이 도착했다. 창호 공사는 다음 날 해도 되지만, 철거 공사량이 많지 않았기 때문에 오후 시간이 많이 남을 것을 예상한 영수가 미리 창호 대리점에 연락해 공사를 예약해놓은 것이다. 창호 철거팀은 창호 대리점에서 전해 들은 대로 별다른 이야기 없이 철거를 시작했다. 샤시만 철거하러 다니는 전문 팀이라 그런지 굉장히 빠르고 일사불란하게 움직였다. 거의 1시간 반 만에 철거를 끝내고 철수했다.

창호 철거팀 : 다 끝났습니다. 30분 이내에 시공팀 도착할 듯합니다.

영수 : 네, 감사합니다. 수고하셨습니다.

잠시 뒤 창호 시공팀이 도착해서 영수에게 주문 내역을 보여주며 확인을 받았다. 그리고 그에 맞게 시공을 시작했다. 그런데 잠시 뒤, 창호 시공팀장이 와서 물었다.

창호 시공팀장 : 작은방 베란다 쪽 샤시를 이중창으로 하다 보니 벽 두께에 비해 두꺼워서 앞으로 많이 튀어나오는데, 샤시 하부에 사춤을 할까요?

영수 : 네? 사춤이요? 사춤이 뭔가요?

창호 시공팀장 : 빈 공간을 벽돌과 시멘트 미장으로 채워 넣는 것을 말합니다. 샤시 하단에 사춤을 하면 샤시가 처지는 것을 방지할 수 있고 미관상으로도 보기 좋거든요.

영수 : 아. 그렇군요. 비용이 많이 드나요?

창호 시공팀장 : 10만 원이 추가 발생 합니다.

창호 하단 사춤 공사

영수는 작은방 창호를 이중창으로 주문했는데 그 때문에 벽두께에 비해 창호가 너무 앞으로 튀어나와 창호 하부에 사춤을 할 수밖에 없었다. 창호 대리점에서 이점까지 예측하지는 못한 것이었는데 다행히 시공팀에서 사춤 자재를 갖고 있었다. 어쩔 수 없이 창호 하부에 사춤 공사를 진행했다.

(노크소리)

영수 : 누구세요?

영수는 혹시 민원이 들어왔을까 봐 잔뜩 긴장하고 문을 열어드렸다. 전기팀장님이었다. 영수는 인사를 하고 콘센트를 신설할 부분을 알려드렸다.

전기팀장 : 주방 쪽 콘센트 신설은 석고벽이라 크게 어렵지 않은데 욕실 쪽은 콘크리트를 일부 철거해야 해서 비용이 좀 발생할 것 같습니다. 전부 다해서 25만 원 소요될 것 같네요.

영수는 '콘센트 만드는 것은 꼭 필요하다. 그것만큼은 돈을 아끼지 말자'는 선희 씨의 말이 떠올랐다.

영수 : 알겠습니다. 잘 부탁드립니다.

오후 5시가 넘어서 전기 공사와 창호 시공이 끝나자. 영수는 공사 완료된 부분을 꼼꼼히 살펴본 후, 저녁 늦게 집으로 돌아갔다. 본인이 직접 시공한 것은 없었지만 온종일 서서 신경을 곤두세우고 있었던 것만으로도 피곤이 몰려왔다. 그래도 잠들기 전 영수는 오늘 공사에 들어간 비용을 정리했다.

항목	철거비	설비 추가	몰딩 폐기물 처리	샤시 공사	사춤 추가	전기 공사	기타 경비	합계
비용(원)	75만	8만	2만	548만	10만	25만	2만	670만

공사 2일 차

영수는 아침 일찍 현장에 나와 어제 도착한 목자재들을 바라보고 있었다. 노크 소리에 현관을 열어보니 목공팀이었다.

영수 : 안녕하세요. 목수님. 지난번에 조언해주셔서 너무 감사했습니다.

목수 팀장 : 뭘요. 다 조금씩 돕고 사는 거죠. 이제 자기 편의만 생각하는 시대는 지났잖아요.

영수가 브리핑을 시작하기도 전에 목수 팀장은 본인이 어떻게 시공을 하실지 알아서 설명하기 시작하셨다. 뭔가 인테리어의 꽃이라 불리는 목공 공사에 대한 프라이드가 느껴졌다.

목수 팀장 : 어디 보자… 작은방 한쪽 벽 단열 작업이랑 몰딩, 걸레받이랑 문틀, 문짝…. 지금 특별히 문제 되는 것은 없을 것 같네요. 다 파악했으니 근처에서 볼일 보셔도 될 것 같습니다.
영수 : 네. 감사합니다. 필요한 것 있으면 전화해주세요!

영수는 믿음직스러운 목수 팀장님을 뒤로하고 선희 씨와 함께 근처 커피숍에 들러 수첩을 꺼내 들었다.

영수 : 여보. 목공 공사는 오늘 마무리될 거예요. 그런데 욕실 도기류 주문을 깜빡했네요…. 내가 도기 판매상에 전화해 배송 기간이 어찌 되는지 확인해볼 테니 당신은 도배 기술자 섭외 좀 해줘요. 어차피 가구 공사는 시공까지 포함이라 우리가 신경 쓸 것이 없어요. 그리고 보니 벽지도 골라야겠군요.
선희 : 여보. 그냥 도배 공사는 도배 가게에 가서 맡겨버리는 것이

어때요? 벽지도 소요량을 일일이 계산해서 주문해야 하던데, 너무 번거로울 것 같아요.

영수 : 그럴까. 하긴 도배 공사는 자재 사다가 기술자분들 불러서 직영으로 해봤자 비용이 많이 절약되지는 않더군요. 그럼 그렇게 합시다. 나는 도기 판매상에 다녀올게요.

영수는 도기류 판매상에 도착해 리스트에 적어놓았던 자재들을 직원에게 보여드렸다.

변기	세면대	수전/ 샤워수전	액세서리	유리 파티션	유리 선반	욕실장
돼림○○○	돼림○○○	아메리콘○○○	돼림○○○	○○○	코너선반 일자선반	거울달린 슬라이딩

직원 : 언제 필요하신데요?

영수 : 내일모레 오전이요.

직원 : 음…. 지금 세면대 모델은 재고가 없어서 내일모레 도착하기가 힘들 것 같아요.

영수 : 아… 그래요? 그럼 이 모델은요?

영수는 비슷한 디자인의 다른 제품을 가리키며 물었다.

직원 : 잠시만요…. (확인 후) 그 모델은 내일모레 배송 가능할 것 같아요.

영수는 세면대 1개 때문에 모든 일정을 미루는 것보다 모델이 다르지만 비슷한 제품을 주문하는 것이 낫다고 생각했다.

영수 : 그럼. 그것으로 해주세요. 계좌이체로 결재해도 되죠? 아. 그리고 도기 설치하시는 기술자분 연결이 가능할까요?

직원 : 네. 가능합니다. 하지만 단순 소개라서 저희가 설치로 인한 하자 책임은 지지 않습니다.

영수 : 네. 감사합니다.

영수는 급하게 도기설치 하시는 분께 전화를 걸어 내일모레 당장 일을 해달라며 사정사정해 겨우 일정을 잡았다.

한편, 그 시각 선희 씨는 근처에 소문이 좋게 난 도배가게에 찾아가 도배 공사 문의를 했다.

선희 : 안녕하세요. 도배 공사 좀 의뢰를 드리려고 하는데요.

도배 사장 : 어서 오세요. 공사는 언제 하실 예정이시죠.

선희 : XX일에 할 예정이에요.

도배 사장 : 합지 벽지랑 실크 벽지 중에 어느 것으로 하실 것인가요? 아시겠지만, 합지 벽지는 그냥 종이 벽지라 저렴하고 실크 벽지는 PVC 코팅이 되어 있는 종이라 비교적 비쌉니다. 실크 벽지는 걸레질도 할 수 있죠.

선희 : 사장님. 저희 아파트가 24평형 방 3개짜리 아파트인데 합지 벽지랑 실크 벽지랑 공사비 차이가 많이 날까요?

도배 사장 : 아, 잠시만요. (잠시 후) 합지벽지로 하실 경우 87만 원까

지 해드릴 수 있고 실크 벽지로 하실 경우 135만 원까지 해드릴 수 있습니다.

선희 씨는 영수에게 전화를 걸었다.

선희 : 여보. 가격이 좀 차이가 나는데 어떻게 하면 좋을까요.

영수 : 그래도 우리의 첫 집이고, 오래 사용해야 하니까 실크 벽지로 합시다.

선희 : 그래요. 내 생각도 그래요. (전화를 끊은 후) 사장님 실크 도배로 하겠습니다.

도배 사장 : 알겠습니다. 자, 그럼 샘플 살펴보시면서 골라보세요.

선희 씨는 도배지를 고른 후 도배가게를 나왔다. 한 공정을 이렇게 맡겨버리니 너무나 편하고 홀가분했다. 영수가 현장으로 돌아오는 차 안에서 전화벨이 울렸다. 목수 팀장이었다.

영수 : 네. 여보세요.

목수 팀장 : 일을 하다 보니 각재가 몇 개 부족하네요. 짧아도 괜찮으니 오실 때 몇 개 사오실 수 있으세요?

영수 : 네. 알겠습니다. 반으로 재단해서 가겠습니다.

영수는 가는 길에 목재소에 들러 각재를 4개 구입해서 반으로 잘라

1800mm로 만들어 차에 실었다. 뒷좌석을 접으니 겨우 들어가는 길이였다. 원래는 묶음으로만 판매하는 각재인데 목재소 사장님께 특별히 부탁해서 낱개로 구입한 것이었다. 영수는 현장에 도착해서 목수 팀장에게 각재를 전해주었다.

목수 팀장 : 업체에 안 맡기시고 직접 셀프로 하시려니 힘드시죠?

영수 : 아니요. 이 정도는 괜찮아요.

목수 팀장 : 사실 힘드신 만큼 돈 버시는 거죠. 지금 선생님이 이리 뛰고 저리 뛰는 일이 인테리어업체 실장들이 하는 일이거든요. 그 실장들 월급 번다고 생각하시면 마음이 좀 편하실 겁니다.

영수 : (큰소리로 웃으며) 그런가요?! 하긴…. 그럴 수도 있겠네요. 하하하.

오후 5시가 좀 넘자 모든 목공 공사가 마무리되었다. 영수는 현장정리를 하며 주변을 천천히 둘러보았다. 아직 어수선하지만, 그래도 뭔가 집안 라인이 살아난 느낌이다. 오늘도 영수는 늦은 밤에 오늘 소요된 비용을 정리해보았다.

항목	목공인건비	목자재	문짝 4세트	각재 4개	욕실 도기류	합계(원)
비용	80만	27만	57만	0.8만	84만	248.9만

공사 3일 차

　오늘 영수의 각오는 남달랐다. 오늘까지 회사에 휴가를 냈기 때문에 내일부터는 선희 씨가 현장을 맡아야 하므로 본인이 할 수 있는 모든 것을 불태우기로 한 것이다.

　현장에 도착한 영수는 전날 도착한 타일 자재를 살펴보다가 타일 사장님과 만났다.

　반갑게 인사를 한 뒤 음료수를 한 개씩 나눠드리고 잠시 이야기를 나누며 브리핑을 했다. 영수는 중요한 공사인 만큼 호칭을 사장님이라고 높여 불러야겠다고 생각했다.

영수 : 타일 사장님! 제가 이 현장에 필요한 타일 공사를 정리해놓았습니다. 한 번 확인해주시고 특이사항이나 필요한 것이 있으면 조언 좀 부탁드립니다.

	준비된 자재	확인
욕실타일 덧붙이기	타일, 타일 본드, 압착 시멘트, 백시멘트, 홈멘트	
주방 싱크대 벽타일	타일, 타일 본드, 홈멘트, 코너비드	
다용도실 바닥타일	타일, 압착 시멘트	
현관타일	타일, 압착 시멘트	

타일 팀장 : (멋쩍게 웃으며) 아니 말로 하면 될 것을 뭘 이렇게까지 해요. 어디 보자…. 일을 해봐야 알겠지만, 뭐 특별히 더 필요한 것은

없겠구먼… 근데 욕실 유가는 그대로 쓸거유?

타일 팀장이 욕실 배수구 쪽을 가리키며 물었다. 유가는 배수구에 설치되는 자재로 이물질을 거르고 냄새가 역류하는 것을 방지하기 위해 만들어진 금속 배수 트랩을 말한다.

영수 : 앗! 큰일 났네…. 이 일을 어쩌죠. 잊고 있었어요. 제가 빨리 가서 사 오겠습니다.

영수는 유가가 무엇인지도 몰랐기 때문에 사놓지 못했다. 타일팀이 공사를 준비하는 동안 영수는 동네 철물점에서 유가 2개를 사왔다. 아파트 입구에서 마침 선희씨를 만나 함께 집으로 들어갔다. 부부가 현장에 돌아오니 먼지가 자욱했다. 이미 욕실과 주방의 벽타일 공사가 동시에 진행되고 있었다.

선희 : 맙소사… 콜록콜록…. 마스크 가져오길 잘했네… 왜 이렇게 먼지가 많아요?
영수 : 내가 말했잖소. 타일 공사 먼지 많이 난다고…. 여기에 서서 저기 데모도로 오신분이 일을 어떻게 하는지 잘 봐봐요.

기술자 두 분이 타일을 붙이는 동안 데모도로 오신 준기술자 한 분이 딱딱 타이밍에 맞춰 무거운 타일 박스를 뜯어 기술자분의 옆자리에 가져다 놓았고 가끔 타일 기술자가 부탁한 타일을 전동그라인더로 재단해주기도 했다. 그리고 벽타일이 끝날 때 즈음에는 미리 바닥 타일 시공 때 필요한 압착 시멘트를 열심히 개기도 했다.

선희 : (작은 목소리로) 여보. 어째 저분이 일을 더 많이 하는 것 같아요?

영수 : 기술이 좀 부족할 뿐이지, 육체적인 일은 데모도가 더 많이 할 수도 있지요. 하지만 그렇다고 기술자분들이 하는 일이 더 쉬운 것은 아니에요. 무거운 타일을 붙이려면 몸을 많이 써야 하거든. 쪼그려서 하는 일이라 관절과 허리가 성할 날이 없다 하더군요.

한참을 공사하던 타일 팀장님이 바닥 타일 시공을 준비하다가 갑자기 물었다.

타일 팀장 : 혹시 급결방수액 있소?

영수: 네? 그게 뭐죠?

타일 팀장 : 시멘트를 갤 때 좀 더 빨리 굳도록 하는 첨가액이라오. 방수기능도 있죠. 바닥 압착 시멘트가 빨리 굳으면 이따가 끝날 때 쯤에는 타일 위에 합판 깐 다음, 밟고 다니면서 줄눈을 넣어도 될거요. 작은 것 한 통만 있으면 될 것 같은데….

선희 : 제가 사 올게요.

선희 씨는 동네에 있는 큰 철물점에서 급결방수액 한 통을 사와서 전해주었다. 타일 공사가 진행될수록 영수 부부는 점점 지쳐가는 것을 느꼈다. 세미 셀프 인테리어 공사가 비용은 절감되지만 쉽지만은 않다는 것을 서서히 깨닫고 있었다. 타일 공사가 진행되는 동안 영수 부부는 동네 커피숍에 앉아 앞으로 해야 할 일에 대해 정리를 하기로 했다.

영수 : 지금 급한 일정은 정해진 것 같으니 당신은 지난번에 선택했던 장판을 대리점에 전화해서 주문하고 일정을 잡아줘요.
선희 : 네. 그리고 오늘 타일 공사 끝나면 콘센트랑 스위치 개수도 파악해야 할 것 같은데요.
영수 : 그건 이미 내가 다 파악해서 내일 도착할 수 있게 주문해놓았어요.
선희 : 알겠어요.

선희 씨는 장판 총판대리점에 통화해서 원하는 모델로 바닥재 공사 일정을 예약해놓았다. 어느덧 시계를 보니 4시 반을 가리키고 있었다. 현장에 도착하니 데모도 하시는 분(조공)과 기술자분들이 줄눈을 넣고 계셨다. 마무리 단계로 보였다. 30여 분 뒤 마침내 타일 공사가 마무리되었다. 현장은 잘린 타일로 정신이 없었지만, 깔끔히 붙여진 타일을 보니 기분이 좋아졌다.

타일 팀장 : 다 마무리되었소.

영수 : 사장님. 여기 인건비입니다. 고생 많으셨습니다.

영수가 인건비를 현금으로 드리자, 타일 팀장님 얼굴에 약간의 미소가 돌았다.

타일 팀장 : 고맙소. 다음에도 일이 있으면 불러주시오.

영수 부부는 마대자루에 잘린 타일조각 등을 담으며 현장 정리를 한 뒤, 집으로 돌아왔다. 타일은 자재가 무거워서 현장 정리도 힘들었다.

선희 : 이제 3일째인데 정신이 하나도 없네요.

영수 : 그러게요. 그래도 재미있지 않아요? 공사가 되어가는 모습이 신기하기도 하고….

선희 : 맞아요. 설레기도 하고요…. 그런데 뜯지도 않은 타일 박스는 어떻게 해요?

영수 : 타일 자재상에서 반품이 가능하다 했으니 내가 시간 있을 때 반품하고 올게요.

영수는 집으로 돌아와 잠들기 전에 오늘 들어간 비용을 정리했다.

항목	타일 자재값	타일 인건비	유가 2개	급결방수액 1통	기술자 식대 (배달)	기타 경비 (음료수)	합계 (원)
비용	87만	80만	1.5만	0.6만	3만	0.5만	172.6만

공사 4일 차

오늘부터는 영수가 회사에 나가는 날이라 이제 선희 씨 혼자 현장을 돌봐야 한다. 그래도 선희 씨는 몸을 쓰는 일이 익숙하다. 예전부터 셀프 인테리어에 관심이 많아 목공공방을 다니며 가구도 짜보고 월셋집에 페인팅 공사를 해보기도 했기 때문이다.

선희 씨가 아침에 현장에 도착해보니 어제 도착한 욕실 도기류 자재들이 쌓여있었다. 그리고 욕실 문을 여는 순간 깜짝 놀랐다.

기술자분이 도기류를 설치하고 계셨기 때문이다.

선희 : 어머! 깜짝이야. 아… 안녕하세요. 전화도 없이 어떻게….

도기 세팅 기사 : 아, 안녕하세요. 도기류 설치하는 방법이 워낙 뻔해서 특별한 일이 없으면 연락 안 드리고 혼자 와서 일하는 편입니다. 그렇지 않아도 변기 조절 밸브 한 개가 부족해서 연락 드리려던 참이었어요. 배송 과정에서 누락된 것 같더라고요.

선희 : 아, 네. 일단 급하니까 제가 철물점에서 사 올게요. 잠시만 기다리세요.

조절 밸브 한 개 때문에 자재상에 전화해서 배송해달라고 할 수는 없었다. 선희 씨는 얼른 철물점에 다녀와서 기술자분께 조절 밸브를 전해드렸다.

방 한구석에는 배송 온 택배 상자가 놓여 있었다. 선희 씨는 그 상자를 뜯어 무언가를 새기 시작했다.

선희 : (혼잣말로) 3구 스위치 2개, 2구 스위치 3개…. 콘센트는….

선희 씨는 영수가 주문했던 콘센트와 스위치의 개수를 확인하고 있는 것이었다.

선희 : 콘센트랑 스위치 교체를 시작해볼까.

온라인에서 보고 들은 방법으로 차단기를 내리고 교체를 시작한 선희 씨는 처음에는 콘센트를 교체하는 데 개당 10분 이상 걸렸지만, 점점 익숙해지면서 나중에는 5분에 한 개꼴로 교체를 할 수 있었다. 스위치 교체도 3구 스위치는 좀 시간이 걸렸지만 꽂혔던 곳에 그대로 꽂는 방법으로 그다지 어렵지 않다고 생각했다. 모두 다 교체하는 데 3시간이 좀 안 걸린 것 같았다.

선희 : 휴…, 시간은 좀 걸리지만 할 만한데?

저녁에 영수는 퇴근 후 현장 점검을 하고 집으로 돌아왔다. 그리고 선희 씨와 오늘 들어간 비용을 정리해보았다.

항목	콘센트 9개 스위치 7개	도기류 시공비	합계(원)
비용(원)	7만	15만	22만

공사 5일 차

아침 일찍 도착한 선희 씨는 예쁘게 완성된 욕실을 감상하며 즐거운 상상을 하고 있었다.

그러다가 고개를 흔들며 정신을 가다듬었다.

선희 : 아. 오전 9시에 장판 기사님이 도착하신다고 했는데… 장판 깔 때 바닥에 물건이 최대한 없어야 한다고 했지!

선희 씨는 영수가 했던 말이 생각나 바닥에 있던 공구, 자재, 쓰레기 등을 정리하기 시작했다. 정신없이 정리하고 마대자루를 묶는 순간 9시를 알리는 알람이 울렸다. 그리고 잠시 뒤 장판 기사님이 도착했다.

선희 : 안녕하세요. 기사님.

장판 기사 : (화들짝 놀라며) 아. 사람이 있었네요. 보통 장판 까는 날은 사람이 없거든요. 크게 신경 쓸 점이 없어서요…. 아니 그런데 아직 도배가 안 되었네요? 보통 걸레받이를 설치하셨으면 도배를 하신다음, 장판을 까셔야 하는데….

선희 : 어머! 정말요?

장판기사 : 네. 왜냐면 도배 공사를 하면서 장판이 손상될 수도 있거든요.

선희 : 아… 어쩌면 좋죠?

장판기사 : 지금으로써는 나중 도배팀에게 주의를 주는 수밖에 없을 것 같군요.

선희 : 네. 그래야겠어요.(울상) 아. 그리고 장판이랑 걸레받이 사이 실리콘은 반투명 색으로 해주시겠어요?

장판기사: 네. 알겠습니다. 반투명 실리콘이 제일 무난하죠. 알겠습니다.

선희 씨는 장판 기사님을 뒤로하고 커피숍에 가서 영수에게 문자를 보냈다.

선희: 여보. 지금 장판 깔고 있어요. 그리고 콘센트랑 스위치는 어제 설치를 했는데 전화선은 어떻게 하는지 모르겠어요.

영수: 아. 걱정하지 마요. 전화선은 그냥 둬요. 내가 오늘 퇴근하고 처리할게요. 전화선은 이제 잘 쓰지 않으니 없애버릴까 생각 중이에요.

마지막 커피 한 모금을 들이킨 후, 선희 씨는 현장으로 올라갔다. 장판 기사님이 열심히 장판을 깔고 계셨다. 선희 씨는 장판 기사님께 나지막한 목소리로 물었다.

선희: 장판 까는 것이 초보자들이 하기에 매우 어렵다던데 어떤 것 때문에 어려운 것인지 여쭤봐도 될까요?

장판 기사: (재단 칼로 장판을 자르며) 아⋯. 이거요? 생각보다 쉽지 않죠. 이와 같은 모노륨 장판 깔 때는 초보자는 힘들 거예요. 저도 이제 5년 차인데 처음에 고생 좀 했습니다. 첫 번째 어려운 점은 장판의 무게가 엄청 무겁다는 것이에요. 경력이 많으신 분들은 이미 허리 수술 한두 번씩은 하셨죠(쓴웃음). 두 번째는 머리를 좀 써야 한다는 거예요. 장판 폭이 1.8m인 것은 아시죠? 그런데 집 평면을 보고 어떻게 까는 것이 로스(재단 후 버려지는 부분)가 적게 나는지 미리 생각을 해봐야 해요. 안 그러면 버리는 장판이 많아지거든요. 그리고 맞댐 시공을 할 때 두 장판을 겹치는 부분을 세밀히 살펴보며 재단을 해야 하고요. 벽에 닿는 부분을 재단할 때 왼손으로 가이드 역할을 하면서 재단 칼로 밀어나가야 하는데 이 부분은 초보자가 아무리 자를 대고 해도 잘 안 되는 부분이에요. 숙련도가 필요해요. 자칫하다가는 멀쩡한 장판 다 버리죠⋯.

선희: (멍 때리며)⋯. 무슨 말인지는 잘 모르겠지만, 일반인이 쉽게 생각하는 장판도 기술이 많이 필요하네요.

장판 기사: 그렇죠. 안 그러면 저희 같은 장판 기사들이 뭐 먹고 살겠어요(웃음).

장판 공사는 정오가 되기 전에 마무리가 되었다. 선희 씨가 장판 비용 결재를 묻자 장판 기사님은 대리점에 전화해서 결재해야 한다며 돌아가셨다. 선희 씨는 깨끗이 깔린 바닥을 보며 흡족한 미소를 지었다. 아주 마음에 드는 표정이었다.

선희: 아… 내가 원하던 바닥이야.

선희 씨는 잠시 감상에 젖어있다가 현실로 돌아왔다. 현관 페인팅을 해야 하는데 잊고 있었던 것이다.

선희: 아… 오늘 도저히 현관 페인팅은 못 할 것 같아. 내일 도배 공사가 끝나고 영수 씨랑 같이해야겠다.

집으로 돌아온 선희 씨는 수첩에 오늘 지불된 비용을 정리했다.

항목	바닥재공사 소요평수19평
비용(원)	72만

공사 6일 차

영수 부부는 오늘 기분이 좋았다. 오늘 하는 도배 공사만 끝나면 셀프로 공사할 부분은 현관 페인팅과 조명 공사밖에 없기 때문이다. 오전 8시쯤 도배팀이 현장에 도착했다.

선희 : 안녕하세요.

도배팀장 : 안녕하세요. 오늘 실크 도배 하기로 한 집 맞으시죠? 벽지 맞는지 확인 좀 해주실래요. 보통 벽지를 따로 배송하는데, 오늘은 그냥 저희가 가져 왔습니다.

선희 : 네. 고맙습니다. 모델 맞네요. 그리고 죄송하지만, 장판을 새로 깔았으니 우마 이동할 때 끌지 말고 들어서 옮겨주시면 감사하겠습니다.

도배팀장 : 아. 알겠습니다. 요즘 우마는 다리에 완충제가 붙어 있으니 걱정하지 마세요. 그리고 저희가 깔지(못 쓰는 벽지)를 깔고 작업을 할게요.

선희 : 네. 오늘 제가 도와드릴 게 있을까요?

도배팀장 : 아. 자리를 비우시기 전에 포인트 벽지가 어느 쪽 벽에 들어가는지 알려주셔야 합니다. 그리고 점심을 시켜 먹을 곳 좀 알려주세요. 그리고 나서는 볼일 보셔도 됩니다.

선희 : 네네.

도배업체에 공사를 맡겼더니 선희 씨가 따로 점심을 챙겨드리지 않아도 되어서 편했다. 벽지 시공 위치를 알려드린 후 선희 씨는 바로 아파트를 나와 차를 몰고 수입 페인트 가게에 들렀다. 선희 씨는 미리 알아본 페인트 색상을 사장님께 보여드리며 물었다.

선희 : 사장님, 금속용 페인트 XX색인데 작은 통으로도 조색이 가능할까요?

사장 : 조색 비용이 좀 들지만 가능하죠. 그 색으로 해드릴까요?

선희 : 네. 로라 한 개, 붓 한 개, 로라용 플라스틱통, 마스킹테이프도 같이 주세요.

선희는 페인트를 구입하자마자 인터넷에서 눈여겨보았던 조명가게로 출발했다. 온라인으로 조명을 주문해도 되긴 하지만 직접 눈으로 조명이 어떻게 생겼는지도 보고 싶었다. 선희가 도착한 곳은 을지로에 있는 규모가 제법 큰 조명가게였다. 엄청난 조명의 가짓수에 넋 놓고 있던 선희 씨 곁으로 조명가게 직원이 다가와서 물었다.

조명가게 직원 : 안녕하세요. 뭐 찾으시는 것 있으신가요?

선희 : (놀라며) 아, 네. 여기 온라인샵도 있는 그 XXX업체 맞죠?

조명가게 직원 : 네. 맞습니다.

선희 : 제가 홈페이지를 보면서 맘에 드는 조명 리스트랑 사진을 출

력해 왔는데 혹시 재고가 있는지 확인할 수 있을까요? 그리고 여기에 전시된 것이 있으면 직접 한번 보고 싶어요.

조명가게 직원 : 네. 여기 커피 드시면서 잠시만 기다리세요. 확인해보고 오겠습니다.

한참 뒤 직원이 돌아와서 전시되어 있는 조명들을 구경시켜주었다.

조명가게 직원 : 지금 보신 모든 조명은 모두 LED입니다. 혹시 언제 필요하신 건가요?

선희 : 내일도 배송이 가능한가요?

조명가게 직원 : 몇 개는 가능한데 주방 펜던트등과 현관 센서등은 내일 도착이 힘들 것 같네요. 모레 따로 배송해야 할 것 같습니다.

선희 : 네. 그럼 그냥 모레 한꺼번에 배송해주세요. 결재는 선불인가요?

조명가게 직원 : 네. 사업자가 아니시면 선불입니다. 대신 무료 교환과 A/S 모두 가능합니다. 원하시면 출장 시공도 가능합니다.

선희 씨는 시공도 맡길 수 있다는 말에 화들짝 놀라며 물었다.

선희 : 시공도요? 비용이 어떻게 되나요?

조명가게 직원 : 모두 다 하면 …. 음…. 8만 원 정도 되겠네요.

선희 : 아. 그렇군요. 잠시만요.

선희 씨는 재빨리 영수에게 전화를 걸었다.

영수 : 여보세요? 무슨 일이에요?

선희 : 조명 사러 조명가게에 왔는데요. 여기서 조명을 구입하면 시공을 8만 원에 해준다고 해서요.

영수 : 그 정도면 맡기는 것이 낫겠는데… 그렇게 합시다.

영수는 요즘 회사 일이 너무 바빠서 비용이 좀 들더라도 셀프 시공 대신 전문가 시공이 더 낫다고 생각했다. 결재를 마치고 조명가게를 나오는 선희 씨의 발걸음이 가벼웠다. 오후 3시 정도 현장에 도착했을 때는 한창 도배 공사가 진행 중이었다. 아직 80% 정도만 완성된 상태였지만, 앞으로 살 집의 모습이 뚜렷이 보였다.

선희 : 와… 너무 멋지다. 도배 공사를 하니 완전 다른 집이 되어버렸네요.

도배팀장 : (벽지 재단을 하며) 도배 공사의 매력이 바로 이 드라마틱한 변화죠. 가장 많은 면적을 마감하는 공사니깐요.

오후 5시 반쯤 되자 도배 공사가 마무리되었다. 선희 씨는 도배가 잘 시공되었는지 꼼꼼히 확인한 후, 도배 가게 사장님께 공사 잔금을 송금해드렸다. 그리고 회사일을 마치고 돌아온 영수와 함께 현관 페인팅을 시작했다.

영수 : 여보. 내가 손잡이를 분리하고 녹슨 부분을 사포질(샌딩)하고 있을 테니 문 테두리에 마스킹테이프 작업하고 페인트 세팅 좀 부탁해요. 아… 그러고 보니 페인팅부터 하고 도배 공사를 했으면 테이프 작업을 안 해도 될 것을 그랬네.

선희 : 네. 맞아요. 또 하나 배웠네요.

선희 씨는 이미 시공되어 있는 새 타일 바닥에 신문지를 깔고 현관문 주위의 도배가 되어 있는 벽 위에 마스킹테이프 작업을 했다. 또한, 플라스틱 통에 페인트를 잘 섞어서 덜어놓는 작업도 했다.

영수 : 가만 있어보자. 바깥에도 페인트를 칠해야 하나?

선희 : 아. 그거. 제가 듣기로는 아파트는 공동주택 법규상 각 세대 외부 현관 색이 같은 색이어야 해서 임의로 색을 바꾸면 안 된다고 하더라고요.

영수 : 그렇군. 오히려 잘됐네.

예쁘게 현관 페인팅을 마친 영수 부부는 피곤한 몸을 이끌고 집으로 돌아와 오늘 소요된 비용을 정리해보았다.

항목	도배공사 실크벽지	조명 구입	페인트 구입	합계(원)
비용(원)	137만	40만	4만	181만

공사 7일 차

가구공사업체에서 오기로 한 날이다. 오전 일찍 가구 시공 기사님 두 분이 도착하셨다.

가구는 이미 플랜이 모두 완성된 상태라 발주자가 신경 쓸 부분이 별로 없는 공정이기 때문에 선희 씨는 연락처만 남기고 근처 공원 벤치에 앉아 볼일을 보았다.

선희 : 그리고 보니 내일모레가 마무리 공사 날이네…. 마무리 공사 때 실리콘 시공은 남편이 한다고 했으니… 준공청소예약을 해놓아야 할 것 같은데… 한번 찾아봐야겠네….

선희 씨는 검색하면서 청소 관련 업체가 엄청나게 많은 것에 놀랐다. 심지어 모바일에도 청소 관련 어플이 있었는데 청소업체를 연결시켜주는 플랫폼이었다. 선희 씨는 어플을 설치한 후 청소업체와 시간 예약을 완료했다.

그리고 현장으로 돌아가 어느 부위에 실리콘 시공이 필요한지 살펴보았다. 창호 주변이나 걸레받이 코너 등은 시공 기사분들이 실링을 해놓았지만, 몇몇 곳은 실리콘 공사가 필요했다. 그리고 수첩을 꺼내어 필요한 것을 적었다.

실리콘 공사 부위	필요한 실리콘 종류
욕실 문틀과 타일 사이	바이오 실리콘
다용도실 문지방과 타일 사이	바이오 실리콘
현관 방화문과 현관 타일 사이	유성 실리콘

선희 : 이제 실리콘 필요한 곳도 파악했으니 내일 사놓기만 하면 되겠다.

오후 3시도 안 돼서 싱크대, 붙박이장, 신발장 등의 가구 공사가 완료되었다. 그런데 선희 씨 눈에 거슬리는 부분이 있었다. 싱크대 상부장과 천장 틈이 왠지 실리콘으로 마감이 되어야만 할 것 같은데 안 되어 있었기 때문이다.

선희 : 기사님. 가시기 전에 저 위에 실리콘 쏴주시면 안 될까요?
기사 : 아, 네. 쏘지 말라고 하시는 분들이 많아서 별말씀 없으면 안 쏘는데 원하시면 쏴드리겠습니다.

가구 공사가 완료되니 마치 바로 입주해도 될 만한 상태가 되었다.

선희 : 완전히 달라졌네. 오늘 조명이 왔더라면 오후에 조명 공사까지 마무리할 수 있었을 텐데….

조명이 빠져서 10% 부족해 보이는 모습을 보며 선희 씨는 아쉬워했지만, 오늘은 일찍 들어가서 쉬기로 했다. 집에 돌아와 오늘 소요된 비용을 정리해보았다.

항목	싱크대 2.5m	붙박이장 10자	신발장 3자	합계(원)
비용(원)	150만	110만	36만	296만

공사 8일 차

드디어 세미 인테리어 공사의 막바지다. 오전부터 조명 시공 기사님이 조명을 달고 있다. 선희 씨는 조명색 온도를 방과 거실 쪽은 6500K인 주광색(흰색)으로 구입하고 주방 식탁 등은 3000K인 전구색(노란색)으로 구입했는데 탁월한 선택이었다고 생각했다.

포인트 조명을 전구색으로 하니 따뜻한 느낌으로 공간을 밝혀주는 모습이 매우 아름다웠다.

조명을 모두 설치하고 보니 선희 씨는 조명의 역할이 10%가 아니라 그 이상일 수도 있겠다고 생각했다. 특히 완성된 가구를 비춰주는 조명은 그 가구들을 더욱 돋보이게 했는데 마치 모델하우스에 온 것만 같았다.

선희 : 이건 남겨야 해.

선희 씨는 핸드폰으로 열심히 인증 사진을 남기기 시작했다. 그리고는 회사에 있는 영수에게 사진을 전송했다.

영수 : (문자 벨소리) 뭐지… 오! 훌륭하네.

영수는 놀라며 선희 씨에게 전화를 걸었다.

영수 : 여보. 진짜 많이 바뀌었네. 고생했어요. 아주 예뻐요.
선희 : 우리 둘이 열심히 한 만큼 결과물이 잘 나온 것 같아요.

영수는 퇴근하고 현장으로 가는 내내 콧노래를 불렀다. 이제 실리콘 마감과 청소만 하면 공사가 끝나고 입주할 수 있었다. 벌써 새집에 이사 들어가 살 생각을 하니 기분이 좋아졌다. 영수는 현장에 도착해서 선희 씨와 실리콘 공사를 마치고 마지막으로 현장 정리를 했다.

항목	조명시공비	실리콘	준공청소	합계(원)
비용(원)	8만	1.5만	27만	36.5만

영수는 공사가 끝나고 들어간 비용을 총정리해보고 많이 놀랐다. 그

럴 수밖에 없었던 것은 영수 부부가 공사를 준비하면서 비슷한 수준의 내역으로 2군데의 인테리어업체 견적을 받았을 때 한군데에서는 2,400만 원 정도가 나왔고 나머지 한군데에서는 2,800만 원이 나왔었기 때문이다. 참고로 그 업체들은 양심적으로 견적을 받는다고 소문이 나 있는 업체였다.

영수가 인테리어 업체에 공사를 맡기지 않고 세미 셀프 인테리어로 공사를 했을 때 가지고 가야 할 가장 큰 위험요소는 하자의 발생과 공사의 낮은 품질 정도라고 할 수 있다. 그러나 하자의 발생이 높은 부분이나 높은 퀄리티의 마감이 필요한 부분은 전문 기술자들에게 맡기면서 위험도를 낮췄기 때문에 큰 문제는 없을 것이다.

사실 영수가 진행한 세미 셀프 인테리어의 과정은 동네 인테리어업체의 실장이나 사장이 하는 프로세스와 매우 닮아 있다. 단지 기술자들의 신속한 공급이나 현장을 파악하는 능력에서의 차이가 있을 뿐이다. 이러한 차이를 일반인이 완벽히 극복하지는 못하겠지만 학습으로 어느 정도 좁힐 수 있다. 특히 임대용 부동산을 많이 소유하고 있는 분이라면 몇 번 해보고 쉽게 감을 잡을 수 있을 것이다.

공정	내용	상세	비용(원)
철거 공사	철거 인건비		750,000
	설비 추가 – 싱크대 수전 내림		80,000
	몰딩, 걸레받이 폐기물 처리		20,000
창호 공사	창호 철거&시공	1군 브랜드	4,600,000
	사춤 공사 추가		100,000
전기 공사	콘센트 신설 2개소		250,000
목공 공사	목공 인건비		800,000
	목자재		271,000
	문짝 4세트	ABS도어	570,000
	각재 ,조절밸브 추가		13,000
타일 공사	타일 인건비		800,000
	타일 자재값공정		870,000
	유가 2개, 급결방수액 추가		21,000
	도기류&액세서리	1군 브랜드	840,000
	도기류 시공비		150,000
바닥재 공사	장판(시공 포함) 19평	1.8T(모노륨)	720,000
페인트 공사	현관문 셀프 페인팅	수입페인트	40,000
도배 공사	실크 도배 전체 공사	업체도급	1,370,000
가구 공사	싱크대 2.5m	2군브랜드	1,500,000
	붙박이장 10자	2군브랜드	1,100,000
	신발장 3자	2군브랜드	360,000
조명 공사	조명 기구	LED	400,000
	조명 시공비		80,000
마무리 공사	실리콘		15,000
	준공청소		270,000
합 계(원)			15,990,000

영수 부부의 24평 쓰리룸 아파트 세미 셀프 인테리어 총 공사 비용

2

색상 선택의 중요성

모든 예술 분야가 그렇듯 색상은 매우 중요한 역할을 한다. 결론부터 말하자면 인테리어에서도 색상은 매우 중요하다.

만약 누군가 디자인과 색상 중 어느 것이 더 중요하냐고 묻는다면 여러분은 무엇을 선택하겠는가(디자인의 의미를 우리가 통상적으로 사용하는 '형태'라는 의미라고 가정했을 경우). 많은 분들이 디자인을 더 중요하다고 생각한다. 하지만 필자의 생각은 다르다. 적어도 인테리어에서만큼은 디자인보다 색상이 더 중요하다고 생각한다. 만약, 아주 세련된 디자인의 인테리어에 정돈되지 않은 색을 적용했을 경우와 밋밋한 디자인에 간결한 색상을 적용했을 경우, 어느 쪽이 더 보기 싫을까. 필자는 전자라고 생각한다. 인테리어에서 아무리 세련된 디자인이라 해도 색상의 조합이 엉망이면 매우 치명적이지만, 엉망인 디자인에 색상이 조화롭다면 나쁘지 않은 경우를 많이 보았다.

시중의 디자인 책에 나와 있는 색상에 대한 내용을 한 번이라도 봤다면 아주 원론적인 이야기들로 시작된다는 것을 알 수 있다. '색상의 3요소 : 채도, 명도, 색상', '빨간색은 따뜻한 색이고 파란색은 차가운 색이며 초록색은 눈을 편안하게 해준다' 등의 많은 유용한 정보들이 들어있다. 이러한 색상에 대한 광범위한 이론 중 인테리어에 유용하게 사용할 수 있는 내용을 추려보았다.

(1) 한색과 난색의 사용

한색은 차가운 색을 의미하고 난색은 따뜻한 색을 의미한다. 인테리어에 쓰이는 대표적인 한색의 예는 푸른빛이 감도는 쿨그레이색, 하늘색, 남청색 등이 있고 난색은 애쉬, 메이플, 오크 등의 나무계열의 색상이나 붉은빛이 감도는 인디언핑크 등이 있다. 이는 집 안의 콘셉트를 잡을 때 매우 유용한데, 본인이 선택하는 콘셉트가 무엇인가에 따라 그에 맞는 색상을 사용해야 한다.

내츄럴한 콘셉트의 인테리어를 하고자 한다면 나무색의 요소를 가미하는 것이 좋고 모던 빈티지한 콘셉트나 인더스트리얼 콘셉트를 원한다면 그레이 계열의 요소를 가미하는 것이 좋다.

	내츄럴	모던 & 인더스트리얼
싱크대 상판	애쉬 원목/ 크림색인조대리석	스테인레스/ 그레이계열인조대리석/
벽지 색상	화이트/ 아이보리/ 베이지/ 파스텔 계열	쿨그레이/ 다크그레이/ 라이트그레이
욕실 타일	바닥-다크브라운 벽-베이지	바닥-다크그레이 벽-그레이
장판, 마루	화이트 애쉬/ 메이플	라이트그레이/ 쿨그레이/ 오크

색상 선택의 예

절대적인 것은 아니지만 콘셉트에 맞게 한색과 난색의 요소를 곁들이면 추구하고자 하는 느낌이 살아나는 것을 느낄 수가 있다.

(2) 저채도의 색상

저채도란 채도가 낮다는 것을 의미한다. 채도가 높다는 것은 색이 맑고 깨끗하다는 의미이며, 채도가 낮다는 것은 색이 탁하고 흐리다는 말인데, 이는 자칫 저채도의 색에 대해 부정적인 이미지를 심어줄 수 있는 내용이다. 하지만 실생활에서는 그렇지 않다. 인테리어에서는 오히려 저채도의 색이 선호된다. 대표적인 저채도의 색은 파스텔계열, 그레이 계열이다. 이러한 저채도의 선호현상은 새로 생겨난 트렌드라고 생각할 수도 있지만 사실 아주 오래전부터 우리나라가 아닌 유럽이나 일본에서는 자주 쓰이는 색상이었다. 심리적인 안정감을 주는 색상이기 때문이다. 사람들이 출퇴근 중에 보는 네온사인과 화려한 간판들, 깜빡이는 신호등을 지나 본인의 집으로 돌아왔을 때 고채도의 뚜렷한 색으로 집안이 인테리어되어 있다면 어떤 느낌을 받을까? 아마 심리적인 안정감을 느끼기 어려울 것이다. 그레이색은 죽음을 상징하는 색이지만, 그 의미를 확장해보면 안락함을 의미하기도 한다. 너무 색상의 상징적 의미에 집착하지 말고 저채도 위주의 색상을 사용해보자.

(3) 색상의 무게

색상에도 무게감이 있다. 인테리어에서 이 원칙을 지키면 꽤 안정감을 느낄 수 있다.

핵심은 '어둡고 진한 색을 아래로, 밝고 옅은색은 위로'이다. 다음은 인테리어에 적용 가능한 예다.

	분류	색상
싱크대	상부장	화이트
	하부장	다크그레이
벽지 & 바닥재	천장	화이트
	벽	쿨그레이
	장판	메이플
욕실	벽타일	라이트그레이
	바닥타일	다크그레이

이와 같이 색상을 적용하면 상하부의 색이 뒤바뀐 반대의 경우보다 훨씬 안정감을 느낄 수 있다.

(4) 비슷한 계열의 색상

벽지가게에 가서 벽지 샘플북을 살펴보면 같은 텍스쳐의 시리즈가 있는 것을 눈치채셨을 것이다.

패턴은 같고 색상만 다른 벽지가 같은 시리즈의 이름으로 묶여 있다. 자세히 보면 색상은 비슷한 계열인데 명도와 채도만 다른 것이 많다. 이는 벽지제조사에서 도배를 할 때 같은 공간에 같은 시리즈의 벽지를 시공하는 것을 권하기 위해 일부러 만들어놓은 것이다. 같은 계열의 색상은 섞어 써도 안정감을 느낄 수 있고 눈을 편하게 해준다.

	분류	색상
벽지	포인트 벽면	라이트 브라운
	나머지 벽면	베이지/ 웜그레이
욕실	포인트 벽면	쿨그레이
	나머지 벽면	라이트그레이

(5) 색상의 절제

색상의 가짓수를 절제하면 오히려 세련된 느낌을 연출하기가 쉽다. 너무 다양한 색상을 사용하게 되면 혼란스러운 느낌을 주기 때문이다. 그렇다고 집을 온통 1~2가지 색으로만 통일해버리라는 말이 아니다. 필자의 경우에는 저채도 위주의 3~4가지 정도의 색상으로 인테리어를 하는 것이 좋은 결과물을 만들어냈다. 만약 그렇게 색상을 절제했을 때 조금 밋밋한 느낌이 난다면 가구나 소품으로 포인트 색상을 가미해주는 것이 좋다. 처음부터 벽면을 너무 여러 가지 색상으로 마감하면 안정감을 저해할 수 있다.

만약, 색상의 선택에 어려움을 겪고 있다면 모델하우스를 방문해보기를 추천한다. 모델하우스를 인테리어 하는 건설사는 이미 오랫동안 어떠한 색상의 인테리어가 소비자들에게 반응이 좋았고 질리지 않는지를 연구해 빅데이터를 확보해놓았다. 또한, 건설사는 빠르게 인테리어 트렌드를 반영하기 때문에 그들의 인테리어는 좋은 참고서적이 된다. 즉, 모델하우스의 콘셉트를 모방하면 큰 실패가 없을 확률이 높다. 결국, 모든 트렌드는 모방을 기본으로 만들어진다. 이상하게 생각할 필요가 없다. 모방이라기보다 장점을 차용한다는 뜻의 벤치마킹이라는 말이 더 적절하겠다. 너무 심하게 모방하게 되면 겸손한(?) 디자인 때문에 재미있는 요소가 없어질 수도 있으니 본인의 취향에 맞게 변형을 시키는 것도 방법이 될 수 있다.

3

조명의 중요성

조명은 영어로 lighting이라고 하는데 건축학에서 이 조명에 대한 이론만으로도 책 한 권을 쓸 정도로 내용이 방대하다. 그중 조명의 핵심적인 내용만을 요약해보고 세미 셀프 인테리어에 필요한 내용만을 알아보도록 하자.

(1) 조명의 분류

조명은 설치 위치나 형태에 따라 실링 라이트, 스폿 라이트, 브래킷, 펜던트 등으로 나뉘며 빛을 비추는 방식에 따라 직접 조명, 간접 조명 등으로 나뉜다.

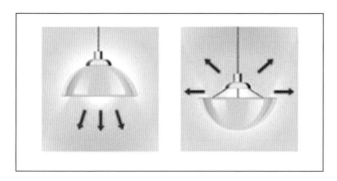

| 직접 조명 | 간접 조명 |

실링라이트		방, 거실, 욕실, 주방, 현관
브래킷(벽등)		욕실, 베란다, 거실벽
스포트라이트		거실 사이드, 주방, 복도
펜던트		주방 식탁 위

아파트에서 일반적인 조명 형태

우리가 실내에 들어갔을 때, 시각적으로 아름답다고 느끼는 부분은 형태와 색상, 질감이 대표적이다. 이러한 것에 조명이 가미되었을 경우 그 아름다움은 배가 되기도 한다. 이러한 경우는 우리 주변에서 쉽게 찾아볼 수 있는데, 상업공간이 대표적이다. 벽면을 거친 스터코(회벽)로 마감해놓고 깔끔한 프레임의 음식 사진을 걸어놓은 뒤, 노란 불빛의 스포트라이트를 쏴주면 왠지 더 먹음직스러워 보이기도 한다. 그렇다면 주거공간에 이를 똑같이 적용해본다면 어떨까. 이러한 조명의 효과를 주거 공간에 제대로 사용한 장소가 바로 아파트 모델하우스다. 모델하우스에 가면 왠지 고급스러운 느낌이 들고 멋있어 보이는 이유는 바로 이 조명의 효과 때문이다. 모델하우스를 살펴보면 메인 조명 이외 많은 종류의 조명을 추가로 설치해놓은 것을 볼 수 있다.

(2) 추가하면 좋은 조명

주거 공간에 일반적으로 들어가는 메인 조명은 조도 확보를 위한 빼놓을 수 없는 필수적인 조명이다. 그러나 이러한 조명을 보완하는 역할을 하는 보조 조명은 어떻게 연출하느냐에 따라 공간을 매우 돋보이게 하기도 한다. 그렇다면 메인 조명 이외에 어떠한 조명을 추가하면 좋을지 알아보자.

거실은 한쪽 벽을 아트월로 많이 사용하는 편이다. 포인트가 되는 아트월을 돋보이게 하기 위해서는 각도가 조절되는 매입 스팟등을 설치하면 좋다. 벽의 길이에 따라 600mm 간격으로 3~5개 정도가 적절하다. 확장된 작은방도 길이가 긴 형태라면 창가 쪽으로 보조 매입등을 설치하면 좋다. 거실에 복도가 있는 세대라면 복도 벽에 액자를 걸거나 장식품을 놓는 곳이 많다. 이럴 경우를 대비해 복도 천장에도 각도가 조절되는 매입등을 계획해놓으면 좋다. 상황에 따라 각도를 조절해 원하는 곳을 비춰줄 수 있기 때문이다. 매입등은 전구 크기에 따라 MR16이나 PAR30 등으로 나뉘는데, 공간의 크기에 따라 적절한 것을 사용하도록 한다.

위치	보조조명	
거실 사이드 천장 방 창가 쪽 천장 복도 천장	각도 조절 가능한 MR16 매입등 / PAR30 매입등	
거실등박스(간접등) 복도등박스 아트월 뒤쪽	LED T5전구 / 바타입LED 조명	
거실벽	벽조명	

보조 조명 추천 배치도

(3) 색온도

색온도의 단위는 켈빈(Kelvin)이라고 하는데 이 켈빈 수치에 따라 조명 빛의 색상이 다르게 나타나는데, 표로 나타내면 다음과 같다.

색상		색온도
전구색 (노란색빛)		2700~3000K
주백색 (아이보리색빛)		4500~5000K
주광색 (백색빛)		6000~7000K

즉, 색온도가 낮을수록 노란 전구색에 가깝다. 6500K 이상의 색온도에서는 눈에 좋지 않은 블루라이트가 나올 수 있으므로 주의해야 한다. 한국에서는 메인 조명은 대부분 주광색을 사용하고 간접 조명이나 보조 조명은 전구색을 많이 사용한다. 전구색의 간접 조명은 부드럽고

따뜻한 느낌을 주기 때문에 많이 사용된다. 식탁 위의 펜던트 조명 같은 경우는 조도 확보의 목적보다는 장식의 목적이 더 크다. 그 때문에 전구색 조명을 많이 사용하는데 이는 음식을 더 먹음직스럽게 보이는 효과를 내기도 한다. 상업공간에 테이블마다 달려 있는 조명이 모두 노란빛인 이유가 그 때문이다.

벽등이나 수면등, 간접 조명 등은 전구색으로 하는 것이 더욱 분위기를 차분하고 고급스럽게 보이게 하므로 세미 셀프 인테리어를 할 때 적용해보자. 가끔 간접 조명으로 파란색, 초록색, 빨간색 등의 LED 바를 사용하기도 하는데, 상업 공간에는 활력을 불어넣고 사이버틱한 느낌을 주지만 휴식을 취해야 하는 주거공간에서는 잘 맞지 않을 수 있다.

4
***

따라 하기 팁

(1) 가성비 왕 거실 아트월 만들기

거실 아트월은 10여 년 전과는 트렌드가 많이 바뀌어 요즘 건설사에서는 주로 포세린 타일로 심플하게 시공을 하는 편이다. 그러나 벽면용 포세린타일은 타일 중에서도 단가가 높기 때문에 선뜻 결정하기가 쉽지 않다. 하지만 20평 남짓한 평수에서 아트월의 제작은 오히려 집을 조잡하게 보이게 할 수 있으므로 심플한 패턴의 포인트 벽지로 그 역할을 대신하도록 하면 좋다. 이 같은 거실의 벽면은 디자인을 잘 선택하면 저비용으로 큰 효과를 낼 수 있다.

실크 벽지를 이용한 거실 포인트월

(2) 저렴한 비용으로 집의 첫인상 바꾸기

집에서도 첫인상은 중요하다. 저렴한 비용으로 집의 첫인상을 바꿔
보고 싶다면 현관 포인트 타일을 바꿔보면 어떨까. 현관 타일은 면적이
크지 않기 때문에 덧붙이기로 처리한다면 저렴한 비용으로 포인트를 줄

수 있다. 포인트 타일을 고를 때는 유럽제 수입 타일이 좋다. 색상의 톤이 다운되어 있어 고급스러운 느낌을 주고 표면 질감이 내츄럴한 것이 많기 때문이다.

현관 포인트 타일

콘솔 벽공간 연출

만약 현관을 들어와서 바라본 정면이 콘솔 벽면이라면 액자 한 개와 스팟 조명 한 개만으로도 예쁜 포인트를 연출할 수 있다.

(3) 편하게 신발 신고 싶어요

예전에 손님 중 한 분께서 아이들이 신발을 신고 벗을 때 편하게 벗을 수 있는 공간을 현관에 만들어달라고 의뢰한 적이 있다. 현관에 공간이 충분하다면 일반 원목 벤치를 놓아서 해결할 수도 있지만, 공간이 부족하다면 사진과 같이 신발장 하부에 앉을 수 있는 공간을 만드는 것도 생각해볼 수 있다. 사진상의 앉는 공간 하단에는 수도 계량기가 있기 때문에 뚜껑을 열어 점검할 수 있도록 시공했다.

앉는 공간이 있는 신발장

(4) 나무 무늬 장판은 이제 그만

　한국 바닥재 시장 매출의 가장 큰 부분을 차지하는 장판은 그 디자인이 제법 다양화되고 있다. 최근 몇 년 전부터는 기존에 흔히 보아왔던 마루 무늬의 패턴에서 벗어나 헤링본 스타일, 타일 무늬, 패브릭 무늬 등 여러 가지 디자인이 출시되었는데 젊은 층으로부터 큰 인기를 끌고 있다. 색상 역시 브라운 색상뿐 아니라, 백색에 가까운 색상부터 블랙색상까지 다양해졌다. 장판 디자인을 잘 선택하면 그것만으로도 신선한 느낌을 줄 수 있다.

패브릭 스타일 장판

타일 느낌의 장판

대리석 느낌의 장판

해링본 스타일 장판

(5) 방 안에 칸막이를?

한쪽이 긴 직사각형의 방안에 어떻게 하면 효율적으로 가구를 배치할 수 있을지를 생각하다 보면 다양한 방안이 나오게 된다. 그러나 가구만으로 레이아웃을 하기에는 공간적인 한계에 부딪히게 될 때가 있다. 그러할 경우 방안에 칸막이(가벽)를 시공하면 효율적일 공간구성을 할 수 있다. 방에 칸막이를 한다고 말씀드리면 '안 그래도 좁은 방에 무슨 칸막이를 하느냐?'고 반문하시는 경우가 많다. 그러나 칸막이를 함으로써 칸막이 양쪽으로 가구를 놓을 수 있는 면적이 넓어지기 때문에 오히려 공간 활용이 좋아진다.

Before

After

또한, 칸막이의 시선 차단 효과로 공간을 더 안정감 있고 깔끔하게 만들 수 있다.

Before   After

위 사례는 38평 아파트의 작은 방의 칸막이 시공 사례인데 빨간색
타원안의 날개벽을 경계로 칸막이를 설치해 책상과 침대의 공간구획을
했다. 그 결과, 방문 옆의 벽면에 오히려 붙박이장을 놓을 수 있는 공간
이 확보된 모습이다. 또한 가벽으로 인한 안정적인 학습공간 형성이 되
었다.

안방 가벽 설치로 인한 수납공간증가 사례(출처 : 두올 인테리어)

(6) 베란다를 나만의 공간으로

베란다 공간을 활용하고 싶은데 베란다를 확장하기는 싫다면 베란다를 자주 사용하는 독립된 공간으로 인테리어를 하면 유용하다. 베란다는 바닥 난방이 되지 않기 때문에 겨울철에는 맨발로 다닐 수 없다는 단점이 있다. 그러나 베란다 바닥에 나무 재질의 바닥재(원목플로링)를 깔면 드나들기 편하고 바닥의 한기를 덜 느끼게 되어 맨발로 드나들기 거부감이 없다.

Before   After

위 사진은 베란다 공간을 도예 공방 작업실로 인테리어한 사례다. 벽면을 노출 콘크리트 느낌으로 마감하고 바닥에 원목 플로링을 시공해 놓았다. 도자기를 전시해놓고 스팟 조명을 비출 수 있다.

베란다 공간에 수납이 가능한 평상과 족욕기를 설치했던 모습

\# 세미 셀프 인테리어를 하는 데 도움이 되는 사이트

■ **집꾸미기** https://www.ggumim.co.kr

거주형태와 스타일에 따라 셀프 인테리어를 하는 데 필요한 가구와 소품 정보를 알려주는 사이트다. 인테리어에 대한 양질의 컨텐츠를 함께 찾아볼 수 있다. 최근 유행하는 트렌드의 인테리어 가구나 소품들을 한눈에 볼 수 있다.

■ **오늘의 집** https://ohou.se

집 꾸미기와 비슷한 콘셉트의 사이트이지만, 셀프 인테리어에 대한 정보와 커뮤니티가 더 광범위하다. 특히 셀프 시공 방법에 대한 콘텐츠는 인테리어 관련 사이트 중 가장 디테일하며 인테리어 전문가의 참여를 유도해 실시간 질의응답식 섹션도 운영하고 있다.

■ 하우스텝 https://www.houstep.co.kr

고객이 원하는 시공만을 합리적인 가격에 시공할 수 있는 고객 맞춤식 온라인 인테리어업체다. 아직 인테리어 공정 중 5~6가지 공정만을 취급하고 있지만, 풍부한 컨텐츠를 함께 제공하고 있어 세미 셀프 인테리어를 도전하는 데 많은 도움이 되는 곳이다. 도배 공정의 경우 매우 합리적인 가격으로 국내 최다 시공을 기록하고 있다.

1

홈스테이징이 뭔가요?

여러분들에게 홈스타일링이라는 말은 익숙하지만, 홈스테이징이라는 말은 생소할 수 있다. 이 두 단어에 대해 명확한 분류는 없지만, 이에 대한 참고자료를 취합해보면 홈스타일링은 기존 형태의 구조에 변형을 가하면서 가구나 소품 등을 이용해 내부를 꾸미는 것을 말하며, 홈스테이징은 형태 변형을 하지 않은 상태에서 가구나 소품 등을 사용해 내부를 꾸미는 것을 말한다. 즉, 홈스테이징은 한국에서 흔히들 말하는 홈스타일링에 포함되는 개념이라고 할 수 있다. 그리고 어떤 면에서 홈스타일링은 인테리어 공사까지도 포함하는 개념일 수 있다.

홈스테이징에 대해 시사상식 사전에서는 다음과 같이 설명하고 있다.

'실내 공사나 리모델링 없이 가구 재배치와 페인트칠, 소품 활용 등 간단한 방법으로 실내 공간을 재단장하는 것'

즉, 우리나라에서 많이 사용하고 있는 홈스타일링의 개념은 '홈스테이징'에 더 가까운 것이다.

재미있는 것은 우리나라에서 '홈스테이징'의 번역을 '매매주택 연출법'이라고 하고 있다는 것인데, 그 배경을 살펴보면 흥미롭다.

홈스테이징은 2000년대 초반, 주로 미국과 캐나다에서 주목받기 시작했는데, 미국의 경우 당시 부동산 투자 붐에 휩쓸려 집을 샀다가 이를 파는데 어려움을 겪는 사람들이 많았다. 이러한 집을 홈스테이징 전문가가 방문해 문제점을 진단하고 해결해주는 TV 프로그램이 유명해져서 인기를 끌었는데, 이 프로그램이 몇 년 뒤 한국에서도 방영되면서 '매매주택 연출법'이라는 단어가 형성된 듯하다. 번역을 '주택 연출법'이나 '자가주택 연출법'이 아니라 '매매주택 연출법'이라고 한 것을 보면 한국의 주택 연출 목적의 포커스가 어디에 맞춰져 있는지를 예상할 수 있다.

어쨌든 홈스테이징은 큰 비용을 들이지 않고 삶의 질을 높여주는 좋은 인테리어 방식이며 최근 관련 민간 자격증까지 생기면서 전문 직업의 한 종류로 자리매김하고 있다.

2

홈스테이징의 팁

아래에 필자가 언급하는 홈스테이징의 방법은 필자가 개인적으로 경험하면서 느낀 점을 토대로 서술한 것이며 홈스테이징에 관한 전문서적을 참조하지 않았음을 미리 말씀드린다.

(1) 원목 색상 가구의 이용

인테리어 공사가 완료된 집에 가구를 들일 때는 색상을 잘 고려해야 한다. 가구에 너무 비비드(vivid)한 색채가 들어가는 것은 편안함을 추구하는 주거공간에서는 모험일 수 있다. 색상이 고민된다면 원목 색상이 들어간 가구를 배치하면 크게 거부감이 없을 것이다. 인간은 역사적으로 오랫동안 나무와 떼려야 뗄 수 없는 관계였기 때문에 원목 색상에 친근감과 편안함을 느낀다. 다만 과도한 붉은색 계열의 원목 색상은 피하는 것이 좋다.

또한, 원목이 아니더라도 브라운 계열의 색상과 크림색의 조합은 아주 부드럽고 자연스러운 분위기를 만들어내기 때문에 적용해볼 만하다.

원목 가구 배치의 예

(2) 거실 공간의 가구, 소품 배치 솔루션

현관에 들어섰을 때 가장 먼저 마주하는 공간은 거실이다. 그러므로 거실에 홈스테이징을 할 때 다른 공간보다 신경을 쓰는 것이 좋다. 거실은 가족들이 자주 모이는 장소이며, 손님이 왔을 때도 가장 오랜 시간 동안 머무는 장소이므로, 시각적으로 안정될 수 있는 가구 배치를 하도록 한다. 그 솔루션으로는

첫째, 너무 높은 가구는 거실에 놓지 않는다.

거실 벽 전면을 책장으로 만들어 북카페 콘셉트를 만들 것이 아니라면 너무 키가 큰 가구는 거실에 놓지 않는 것이 좋다. 높이가 1200~1300mm가 넘는 가구는 답답한 느낌을 줄 수 있다. TV 장을 놓더라도 가능한 한 낮고 높이가 일정한 가구를 배치하는 것이 좋다.

낮은 거실 가구의 예

둘째, 일자 형태의 소파를 놓는다.

34평 이상의 중대형 평수의 집이 아니라면 소파는 ㄱ자 형태보다 일자 형태가 좋다. 형태는 ㄱ자가 예쁘지만, 막상 사용해보면 꺾인 소파 부분이 시선을 차단해 답답한 느낌을 주고 거실이 더 좁게 느껴지게 한다. 차라리 일자 소파 곁에 쿠션이 있는 작은 스툴을 놓는 것이 좋을 수 있다.

일자 소파와 스툴(출처 : 로코코)

변형 가능한 소파

셋째, 거실 중간에 러그를 깐다.

소파 앞쪽의 거실 공간에 러그나 매트를 깔면 아늑한 느낌이 들면서 머물고 싶은 공간이 된다. 최근에는 세탁이 쉬운 러그나 패브릭 패턴의 pvc 매트도 출시되고 있기 때문에 관리가 어렵지 않다.

단모러그 (출처 : 마마그리드)

넷째, 벽면에 소수의 액자나 소품을 걸어놓는다.

거실의 양쪽 벽이 같은 색상의 도배 마감된 벽이라면 한쪽 벽면 정도는 2~3개의 액자나 그리너리(녹색 나뭇잎) 콘셉트의 오너먼트를 걸어놓으면 포인트 벽을 만들 수 있다. 다만 액자 속의 사진은 인물 사진보다 색상이 절제된 추상화나 자연의 모습을 담은 사진이 편안한 분위기를 연출하는데 좋다.

액자나 소품을 이용한 홈스테이징

다섯째, 포인트 조명 1~2개를 배치한다.

조명 공사를 할 때 거실 벽면 포인트 조명이나 간접 조명 공사를 해놓지 못했다면 거실 한쪽에 플로어 스탠드를 한 개 정도를 놓으면 좋다. 야간에 거실 분위기를 은은하게 만들어주며 수면등으로 사용도 가능하다.

플로어 스탠드 사진

에필로그

세미 셀프 인테리어란, 앞에서도 말했듯이, 우리 자신이 어느 정도 인테리어 사장의 지위를 가지고 공사를 진행하는 인테리어를 말합니다. 여러분이 처음 직영 공사 타입의 세미 셀프 인테리어를 하게 되었을 때 생각보다 힘들다고 느낄 수도 있습니다. 그러나 모든 일이 그렇듯 2~3번 세미 셀프 인테리어를 하다 보면 각 공정의 주의할 점이 보이게 되고 본인만의 노하우가 쌓이게 될 것입니다.

만약 여러분들이 처음부터 너무 많은 시행착오를 겪는 것을 원하지 않고 그것을 최소화하고 싶다면 필자의 블로그에 세미 셀프 인테리어에 관한 무료 상담 섹션을 만들어놓았으니 언제든 문의하시기 바랍니다.

블로그 : 소다아빠의 인테리어 창고 https://blog.naver.com/last3h
유튜브 : 소다대디
이메일 : last3h@naver.com

EPILOGUE

부디 이 책이 여러분들에게 한 번뿐인 인생을 행복하게 살 수 있는 공간을 만드는 데 조금이나마 도움이 되기를 바랍니다.

본 책의 내용에 대해 의견이나 질문이 있으면
전화 (02)333-3577, 이메일 dodreamedia@naver.com을 이용해주십시오.
의견을 적극 수렴하겠습니다.

세미 셀프 인테리어 시대가 왔다

제1판 1쇄 | 2019년 12월 29일
제1판 2쇄 | 2020년 6월 3일

지은이 | 양승환
펴낸이 | 한경준
펴낸곳 | 한국경제신문*i*
기획제작 | (주)두드림미디어
책임편집 | 최윤경

주소 | 서울특별시 중구 청파로 463
기획출판팀 | 02-333-3577
영업마케팅팀 | 02-3604-595, 583 FAX | 02-3604-599
E-mail | dodreamedia@naver.com
등록 | 제 2-315(1967. 5. 15)

ISBN 978-89-475-4535-8 (13590)

한국경제신문 *i* 부동산 도서 목록

한국경제신문 *i* 부동산 도서 목록

부자 되는
기적의 경매

따사부
일체

부동산 상식의
허와 실

상가 경매로
비즈니스하라

부동산
투자,
흐름이
정답이다

부동산 경매
소액 투자의 기적

주인이
나가래요

김코치
경매

이것이 진짜
성공 NPL이다
Non Performing Loan

방패장군의
실패하지 않는
부동산
실전 투자
X-파일

내집마련
슈퍼리치
SUPER RICH

대박펜션의
비밀

이것이 진짜
소송 경매다

부동산 경매로
365일 월세를
꿈꾸는 사람들

구만수 박사
3시간 공부하고
30년 써먹는
부동산 시장 분석 기법

제주도
경매왕

법정지상권,
분묘기지권
깨트리는 법

이것이 진짜
도로 경매다

세어
하우스

추리 경매